PROTOPLASMATOLOGIA
HANDBUCH DER PROTOPLASMAFORSCHUNG

BEGRÜNDET VON

L. V. HEILBRUNN · F. WEBER
PHILADELPHIA · GRAZ

HERAUSGEGEBEN VON

M. ALFERT · H. BAUER · C. V. HARDING · F. WEBER
BERKELEY · WILHELMSHAVEN · NEW YORK · GRAZ

MITHERAUSGEBER

W. H. ARISZ-Groningen · J. BRACHET-Bruxelles · H. G. CALLAN-St. Andrews
R. COLLANDER-Helsinki · K. DAN-Tokyo · E. FAURÉ-FREMIET-Paris
A. FREY-WYSSLING-Zürich · L. GEITLER-Wien · K. HÖFLER-Wien
M. H. JACOBS-Philadelphia · N. KAMIYA-Osaka · D. MAZIA-Berkeley
W. MENKE-Köln · A. MONROY-Palermo · A. PISCHINGER-Wien
J. RUNNSTRÖM-Stockholm · W. J. SCHMIDT-Giessen · S. STRUGGER-Münster

BAND II

CYTOPLASMA

B

CHEMIE

2

SPEZIELLE CYTOCHEMIE UND HISTOCHEMIE

b

ORGANISCHE VERBINDUNGEN

β

VITAMINE UND ANTIVITAMINE

WIEN
SPRINGER-VERLAG
1960

VITAMINE UND ANTIVITAMINE

VON

ALFRED PONGRATZ

GRAZ UND LANNACH

WIEN

SPRINGER-VERLAG

1960

ISBN-13: 978-3-211-80553-4   e-ISBN-13: 978-3-7091-5540-0
DOI: 10.1007/978-3-7091-5540-0

Meinem Freunde

Karl Brunner
Mitglied der Steiermärkischen Landesregierung

in herzlicher Neigung

Vitamine und Antivitamine

Von

Alfred Pongratz

Graz und Lannach

Inhaltsverzeichnis

Vorwort

Der Einladung des Herausgebers des Handbuches „P r o t o p l a s m a t o-
l o g i a", Prof. Dr. F. Weber, Graz, für dieses Werk einen Artikel: V i t a-
m i n e u n d A n t i v i t a m i n e abzufassen, habe ich gerne Folge geleistet.
Der Stoff ist in 17 Kapitel gegliedert [1] und jedes Kapitel wieder in mehrere
Abschnitte unterteilt. Ich habe bewußt, allerdings bei knappster Fassung,
bei der Darstellung des behandelten Stoffes zu Beginn den organischen
Chemiker sprechen lassen, um die Chemie der einzelnen Vitamine, Zusammenhänge zwischen chemischer Struktur und physiologischer Wirkung sowie
allenfalls Gesetzmäßigkeiten von Struktureigentümlichkeiten der Antivitamine aufzudecken. So zu beginnen, ist sowohl aus didaktischen wie
historischen Gründen angezeigt. An die Betrachtung des chemischen Tat-
sachenmaterials schließt sich jene des physiologischen Chemikers und schließlich Erörterungen ärztlicher Fragestellungen, wie Vitaminmangelkrankheiten
und deren Therapie mit Vitaminen, wobei diese Vitaminmangelkrankheiten
einerseits als Folge von Ernährungsschäden und anderseits als Ergebnis der
Wechselwirkung von Antivitaminen mit den vitaminhaltigen Fermenten
anzusehen sind. Ich hoffe, daß der vorliegende Bericht in dieser Form auch
für einen heterogenen Leserkreis interessant sein dürfte, nämlich zu er-
fahren, welche Konsequenzen sich für den Organismus bei der Verabreichung von abgewandelten Vitaminmolekülen ergeben und anderseits die
Grenzen kennenzulernen, innerhalb welchen Abänderungen der Molekül-
architektur vorgenommen werden dürfen, ohne die physiologisch-chemischen Aufgaben dieser Systeme zu beeinträchtigen. Aus diesem Grunde und
auch anderen war es notwendig, die zahlreichen Befunde durch viele Formelbilder — insgesamt 100 — zu belegen und zu erläutern. Der Quellen-
nachweis findet sich am Schluße dieses Berichtes.

Bei der vorliegenden Arbeit erfreute ich mich der tatkräftigen Unter-
stützung des Herrn Dr. Hans Junek, Assistent am Institut für Medizinische
Chemie an der Universität Graz; darüber hinaus hat Herr Dr. Junek alle
Formelbilder gezeichnet, wofür ich ihm an dieser Stelle herzlich danken
möchte. Aber auch zahlreichen Fachgenossen aus aller Welt bin ich Dank
schuldig für die kollegiale Überlassung von Sonderdrucken einschlägiger
Abhandlungen.

Danken muß ich auch Herrn Prof. Dr. Weber für die immer wieder be-
wiesene Einsicht in die Umstände, welche die Fertigstellung der Arbeit ver-
zögerten. In gleicher Weise danke ich auch dem Springer Verlag in Wien
für die sorgfältige Ausstattung des Artikels bezüglich Druck als auch Fi-
guren.

G r a z, im Dezember 1959.

Alfred Pongratz

---

[1] Die Ascorbinsäure wurde nicht behandelt, weil diese Verbindung schon von
H. Metzner (Göttingen) und G. H. Bourne (London) in diesem Handbuch bearbeitet
worden ist.

Allgemeiner Teil

Wir wissen heute, daß der für die Aufrechterhaltung des tierischen Lebens erforderliche Stoffwechsel ohne Vitamine nicht ablaufen kann. Wir wissen weiter, daß die Aufklärung und Auffindung der verschiedenen Vitamine erst nach Klarstellung vieler, einander zum Teil widersprechender Befunde möglich wurde. Wie immer, zeigte es sich auch da, daß durch konsequente Fortführung einmal als richtig befundener Gedanken durch das Zusammenwirken vieler Experimentatoren am Ende der Erfolg gewiß ist.

So können wir heute sagen, daß das Wissensgebiet der Vitamine zu einem gewissen Abschluß gekommen ist, im Hinblick auf die Feststellung ihres Vorkommens, der chemischen Struktur und die Aufgaben im Stoffwechselgeschehen, den Erscheinungen des Synergismus und des Antagonismus der Vitamine zueinander bzw. im Hinblick auf Hormone und körperfremde Stoffe. Alle Eigenschaften sind wie immer in der chemischen Struktur der Moleküle beschlossen, ein Satz, der in gleicher Weise auch für die Vitaminmoleküle Gültigkeit besitzt.

Bezüglich der chemischen Körperklassen, denen die Vitamine angehören, ist zu sagen, daß hierbei sowohl Kohlenwasserstoffe (β-Carotin), Alkohole (D-Vitamine und A-Vitamin), Phenole (E-Vitamin, Rutin), Aminbasen (Thiamin), Aldehyde (Pyridoxal), Chinone (K-Vitamin) sowie Carbonsäuren (F-aktive Fettsäuren) bzw. Säureamide (Nicotinsäureamid) und schließlich mehr oder weniger kompliziert gebaute Aminosäuren, wie Pantothen- und Folsäure in Frage kommen. Daß die D-Vitamine zufolge ihrer Steroidstruktur gemeinsame Bauelemente mit den Steroidhormonen aufweisen, sei noch in diesem Zusammenhang erwähnt. Beim B_{12}-Vitamin bestehen interessante Beziehungen zum Blut- und Blattfarbstoff.

Man trifft nach einer rein physikalischen Eigenschaft der Vitamine, nämlich nach ihrer Löslichkeit in Wasser oder fetten Ölen eine Einteilung in wasser- und fettlösliche Vitamine.

Definitionsgemäß versteht man unter Vitaminen solche Wirkstoffe, die in einer zureichenden Nahrung enthalten sein müssen, deren Fehlen indes bei einem an und für sich gesunden Organismus Mangelerscheinungen hervorrufen (AMMON-DIRSCHERL).

Somit ist die Frage einer richtigen Ernährung, die auch von allen Vitaminen hinreichende Mengen enthält, bedeutungsvoll und die Kenntnis hinsichtlich des Vorkommens der Vitamine in qualitativer und quantitativer Hinsicht ebenso von Wichtigkeit, wie die Kenntnis ihrer Stabilität gegen vom Neutralpunkt abweichende pH-Werte, als auch gegenüber erhöhten Temperaturen (Kochtemperaturen) sowie Einflüssen, die sich aus der Wechselwirkung mit dem Luftsauerstoff ergeben.

Bei dem heute wohlbekannten Tagesbedarf des gesunden Menschen an den verschiedenen Vitaminen sowie der Kenntnis ihres Vorkommens in Nahrungsmitteln aller Art, sollte es ein leichtes sein, den Vitaminhaushalt im Gleichgewicht zu halten. Das setzt indes voraus, wie es schon vorhin angedeutet wurde, daß die Vitamine bei der Zubereitung der Nahrung nicht zerstört werden und darüber hinaus im Verdauungstrakt ungestörte Resorptionsverhältnisse obwalten. Der alternde Mensch wird also sehr oft infolge der gestörten Resorption Vitaminzulagen benötigen.

Es werden daher bei der folgenden Besprechung der einzelnen Vitamine neben ihrer chemischen Konstitution und deren Aufklärung, der Synthese, die Stoffwechselaufgaben der Vitamine als Cofermente sowie Zusammenhänge zwischen Konstitution und biologischer Wirkung (Antagonisten) behandelt und auch dem mengenmäßigen Vorkommen der Vitamine in den Nahrungsmitteln Beachtung geschenkt werden.

Aus der Betrachtung der Zusammenhänge zwischen chemischer Konstitution der Vitamine und ihren physiologischen Funktionen als Cofermente im Enzymverband und die Veränderungen der Stoffwechselleistungen bei Abwandlung der Molekülstruktur ergibt sich einmal der Grad der Konstitutionsspezifität und zum anderen die Überleitung zu echten Antagonisten.

Als Definition eines Vitaminantagonisten kann gelten, daß seine Verabreichung die gleichen Mangelerscheinungen hervorruft, wie das sonst fehlende Vitamin; zusätzliche Gaben des korrespondierenden Vitamins beseitigen die Mangelsymptome wieder. Weitere Gaben von Vitaminantagonisten im optimalen Mengenverhältnis der gegenseitigen Wirkungsaufhebung bleiben innerhalb gewisser Grenzen ohne Einfluß auf die normalen Lebensfunktionen des Individuums (F. Zymalkowski 1957).

Diese Definition des Antivitamins ist dahin zu ergänzen, daß die chemische Struktur der Antivitamine im Hinblick auf jene der dazugehörigen Vitamine in der Mehrzahl der Fälle gewisse Ähnlichkeiten besitzt; indes ist dieser Umstand wohl oft eine hinreichende, aber nicht notwendige Voraussetzung.

Das Ergebnis der biologischen Wechselwirkung zwischen einem Vitamin und seinem Antagonisten ist eine Avitaminose; das Wesen dieser Wechselwirkung kann aber sehr unterschiedlich sein. Nach dem heutigen Stande unserer Kenntnis erfüllen die Vitamine ihre Aufgaben im Stoffwechselgeschehen — wie dies schon angedeutet wurde — als Cofermente oder Teilen von Cofermenten, zusammen mit dem Proteinanteil, den Apofermenten. Im Simplex: Coferment + Apoferment bestimmt in der Regel das Apoferment (Proteinanteil), den Ort der Reaktion und das Coferment (vitaminhaltiger Teil) die Art der Reaktion (vgl. 8. Kap. S. 46).

Da die Bindung zwischen Coferment und Apoferment durch keine hauptvalenzartigen, sondern vielmehr durch van der Waalssche bzw. adsorptive Kräfte vermittelt wird, erscheint es plausibel, daß der echte Simplex durch einen Vitaminantagonisten im Sinne der Bildung eines falschen Simplex gespalten wird, ein Vorgang, der in Form eines chemischen Gleichgewichtes dem Massenwirkungsgesetz gehorcht, derart daß:

$$\text{Coferment/Apoferment} + \text{Antagonist} \rightleftharpoons$$
(Echter Simplex)

$$\rightleftharpoons \text{Antagonist/Apoferment} + \text{Coferment}$$
(Falscher Simplex)

Die angeschriebene Beziehung erlaubt in der Regel, etwa durch vermehrte Vitamineinschleusung, das Gleichgewicht wieder auf die linke Seite, also auf die Seite des echten Simplex, zu verschieben. Die Zusammenhänge, wie sie durch diese Beziehung ausgedrückt werden, sollen schon hier durch ein spezielles Beispiel belegt werden:

Beim Ersatz der Aminogruppe im Thiaminmolekül durch die Hydroxygruppe an der Stelle 5 des Moleküls, entsteht ein Antagonist des B_1-Vitamins, der an Ratten verabreicht, Anlaß gibt zur Ausscheidung großer Mengen an Thiamin im Harn, im Sinne der obigen Beziehung als Verdrängungsreaktion (EMERSON, SOUTHWICK 1945).

Es gibt aber noch einen anderen Typus der Bildung eines falschen Simplex, und zwar derart, daß der echte Proteinanteil durch ein falsches Protein verdrängt wird und so Anlaß gibt zur Bildung eines falschen Simplex im Sinne nachfolgenden Schemas:

$$\underbrace{\text{Coferment/Apoferment}}_{\text{Echter Simplex}} + \text{falsches Proteinmolekül} \rightleftharpoons$$

$$\rightleftharpoons \underbrace{\text{Coferment/falsches Protein}}_{\text{Falscher Simplex}} + \text{Apoferment}$$

Ein solcher Fall liegt bei der Wechselwirkung zwischen dem physiologischen Biotin-Protein-Simplex und dem Glycoprotein Avidin vor. Durch Verfütterung von rohem Hühnereiweiß an Ratten entsteht ein Krankheitsbild, das sich als Biotinmangelkrankheit deuten ließ. (BOAS 1927; GYÖRGY et al. 1941, GYÖRGY und ROSE 1942). Das im rohen Hühnerei enthaltene Glycoprotein Avidin verdrängt aus dem echten Biotinsimplex das echte Protein (SYDENSTRICKER, SINGAL, BRICKS, DEVAUGHIN und ISBELL 1942; WOOLLEY, LONGSWORTH 1942). Dieses Protein Avidin hat ein Molekulargewicht von 87.000 (PENNINGTON, SNELL und EAKIN 1942) und verdrängt, wie schon vorhin ausgeführt, das Biotin aus seinem richtigen Simplex im Sinne obiger Gleichgewichtsbeziehung (EAKIN, SNELL und WILLIAMS 1940).

Die geschilderten Wechselwirkungen zwischen dem echten Simplex einerseits und dem falschen Protein andererseits, führen in beiden Fällen zu einem Umbau des echten Simplex und damit zu einer Avitaminose.

Avitaminosen können aber auch durch fermentativen Abbau des Vitamin-Moleküls zustande kommen, wie ein solcher bei der Verfütterung bestimmter Fische im Rohzustand an Füchse beobachtet wurde, wobei sich das in den Fischeingeweiden befindliche Ferment — eine Thiaminase —, das B_1-Molekül oder Thiamin, in die beiden Molekülbruchstücke, den Pyrimidin- und dem Thiazolteil spaltet und die Tiere schwer erkranken (ABDERHALDEN 1947, SEALOCK, LIVERMORE und EVANS 1943; OWEN und FERRIPEC 1943). So vielgestaltig können die Störungen beschaffen sein, die den Vitaminhaushalt beeinflussen.

Es erhebt sich nun auch die Frage, wie denn überhaupt die Stoffwechselprozesse geartet sind, die durch die Vitamine als Cofermente gesteuert werden. Die Beantwortung dieser und aller anderen Fragen, wie etwa Synthese, Entdeckung, chemische Struktur der Vitamine, der Cofermente usw., soll im anschließenden Speziellen Teil erörtert werden.

Spezieller Teil

A. Die wasserlöslichen Vitamine

1. B_1-Vitamin = Aneurin = Thiamin = Antiberiberi-Vitamin

a) Die erstmalige Isolierung im kristallisierten Zustand gelang Jansen und Donath im Jahre 1926. Bezüglich des Vorkommens im Pflanzenreich und tierischen Organen orientiert Tabelle 1 [2].

Tab. 1. mg Vitamin B_1 in 100 g Nahrungsmitteln

Getrocknete Hefearten	3—24	Hülsenfrüchte	0,3 —0,9
Hefearten	30	Grüne Gemüse	0,15—0,3
Weizenkeime	1,8	Schweinefleisch	0,9 —1,2
Weizenvollkornbrot	0,3	Gekochter Schinken	0,7 —1,0
Roggenkeime	1,0	Eigelb	0,4
Roggenvollkornbrot	0,2	Kuhmilch	0,04—0,09
Kartoffeln	0,15		

Darüber hinaus ist Thiamin neben anderen wasserlöslichen Vitaminen, wie Lactoflavin, Pyridoxin, Nicotinsäure und Mesoinosit, ganz allgemein in geringerer Menge in der Ackerkrume enthalten (Roulett und Schopfer), und zwar haben die Untersuchungen ergeben, daß z. B.

In einer Tiefe von	Biotin	Aneurin
10 cm	$0,62 \cdot 10^{-6}$ mg	$19,3 \cdot 10^{-6}$ mg
20 cm	0,39	8,6
30 cm	0,27	6,2
50 cm	0,23	2,9

enthalten sind, wobei sich die Angaben auf 1 g Ackerboden beziehen. Die Quelle dieses, im ganzen gesehen, doch erheblichen Vitaminvorrates sind Bakterien, Protozoen, Algen und Pilze des Bodens.

b) Die richtige Summenformel indes wurde für das Thiamin von A. Windaus und Mitarbeitern (1932) ermittelt und die Konstitutionsaufklärung durch Arbeiten von Williams und seinen Mitarbeitern im Jahre 1936 zu Ende geführt (I) [3].

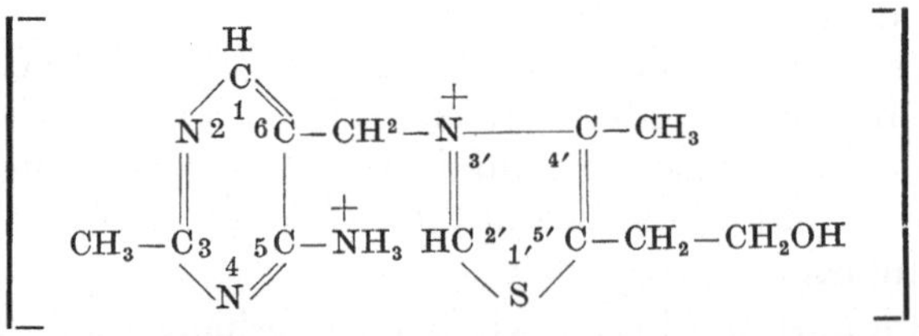

$$\left[\begin{array}{c} \overset{\displaystyle \overset{\text{H}}{\text{C}}}{\underset{\text{N}\ 2}{}}\ \ ^{1}6\text{C}-\text{CH}^2-\overset{+}{\text{N}}-\!\!\!-\!\!\!-\text{C}-\text{CH}_3 \\ \text{CH}_3-\text{C}\ 3\quad 5\text{C}-\overset{+}{\text{N}}\text{H}_3\ \text{HC}\ 2'1'5'\ \text{C}-\text{CH}_2-\text{CH}_2\text{OH} \end{array} \right] 2\text{Cl}^-$$

I

---

[2] Aus dem Nachschlagewerk über Vitamine (Merck 1957), S. 33.

[3] Die römischen Ziffern weisen auf die fortlaufend numerierten Strukturformeln hin.

c) Im gleichen Jahre wurde die Konstitution des Thiamins durch die Synthese desselben von ANDERSAG und WESTPHAL (1937) sowie WILLIAMS und CLINE (1936) endgültig bewiesen. Die Verknüpfung der Pyrimidinkomponente mit der Thiazolkomponente erfolgt bei höherer Temperatur.

Die Bezeichnung Aneurin für Thiamin leitet sich von seiner antineuritischen Eigenschaft her, während der Name Thiamin von amerikanischer Seite vorgeschlagen wurde und in der angelsächsischen Literatur allgemein verwendet wird.

d) Die biologisch wirksame Form ist die Thiaminpyrophosphorsäure (II); sie führt die Bezeichnung Cocarboxylase und wurde erstmalig von LOHMANN

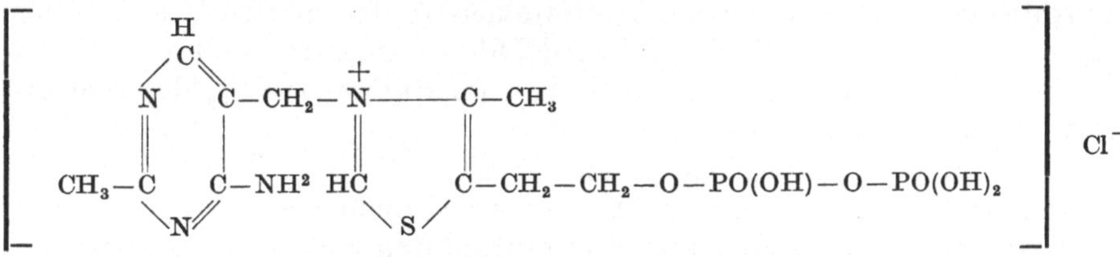

$$\left[\begin{array}{l} \text{Pyrimidin- und Thiazolringstruktur} \end{array} \right] Cl^-$$

$$
\begin{array}{c}
\qquad\qquad \overset{\displaystyle H}{\underset{\displaystyle \|}{C}} \\[-4pt]
N \diagup \quad \diagdown C-CH_2-\overset{+}{N}\text{------}C-CH_3 \\
\| \qquad\qquad\qquad \| \qquad\qquad \| \\
CH_3-C \qquad C-NH^2\ HC \qquad\quad C-CH_2-CH_2-O-PO(OH)-O-PO(OH)_2 \\
\diagdown N \diagup \qquad\qquad\quad \diagdown S \diagup
\end{array}
$$

II

und SCHUSTER (1937) aus Hefe, durch Abspaltung aus der Carboxylase, gewonnen.

In der Folgezeit konnten STERN und HOFER (1937) Cocarboxylase durch Einwirkung von Phosphorpentachlorid auf Thiamin gewinnen; die Synthese wurde später noch weiter verbessert (WILE, MALHERBE 1940).

Cocarboxylasehydrochlorid schmilzt bei 240° und ist in Wasser löslich; es bildet mit Protein die Carboxylase, die Verknüpfung wird durch Magnesium-Ionen bewerkstelligt (OCHOA 1939). Die besten isolierten Enzympräparate enthalten 1 g-Atom Magnesium auf 75.000 g Protein und 1 Gramm-Molekül Cocarboxylase (KUBOWITZ und LÜTTGENS 1937). Als Molekulargewicht der Carboxylase, also dem Simplex Cocarboxylase + Protein, wird 141.000 angenommen (MELNICK und STERN 1940).

α-Carboxylase aus Weizenkeimen hat anscheinend indes ein Molekulargewicht, das bei einer Million liegt (VOGEL-KNOBLOCH 1955).

e) Die Stoffwechselaufgaben der Carboxylase, und mithin der Thiaminpyrophosphorsäure als Coferment, nehmen eine zentrale Stellung im Energieumsatz der Zelle ein; sie ist für den normalen Ablauf des Kohlenhydratstoffwechsels, mithin für den wichtigsten Energieumsatz, unentbehrlich (FUNK 1914, LOHMANN und SCHUSTER 1937 [1]). Neben der überragenden Bedeutung beim Kohlenhydratabbau fungiert Carboxylase im Nervengewebe außerdem als humoraler Reizüberträger.

Am Abbau der Kohlenhydrate sind neben dem Vitamin B₁ als Cocarboxylase noch Nicotinsäureamid, Lactoflavin, Biotin und Pantothensäure als Cofermente in Fermentmolekülen entscheidend beteiligt. Aus dieser Tatsache, daß am Kohlenhydratabbau allein 5 Vitamine des B-Komplexes beteiligt sind, ergibt sich zwingend, daß die Vitamine des B-Komplexes zueinander mengenmäßig optimal abgestimmt sein müssen.

f) Bezüglich des Tagesbedarfes eines gesunden, erwachsenen Menschen ist zu sagen, daß dieser mit 1 bis 2 mg angenommen werden kann.

g) Es ist nun zu untersuchen, welche strukturelle Veränderungen und an welchen Stellen der Thiamin-Molekel diese vorgenommen werden müssen, um Schritt für Schritt über unwirksamer werdende, bis zu den antagonistisch wirkenden Strukturen zu gelangen. Wird im Thiazolteil des Moleküls an der Stelle 5′ die Hydroxyäthylgruppe mit Carbonsäure verestert (Matsukawa und Yurigi 1951), dann zeigen z. B. Essig-, Propion-, Butter- und Benzoesäureester des Thiamins die gleiche Wirkung wie Thiaminhydrochlorid, während Isovalerianat, Capronat oder Nicotinat schwächere Wirkung besitzen.

Durch Einführung von 2 Wasserstoffatomen an den Stellen 2′ und 3′ des Thiazolteiles des Thiamin-Moleküls wird Dihydrothiamin gebildet (Karrer und Krishya 1950), das im Bradycardi-Test an Ratten nur $^1/_{15}$ der biologischen Wirkung des Thiamins zeigt.

Ersatz der Hydroxyäthylgruppe an der Stelle 5′ des Moleküls durch die Hydroxybutylgruppe bewirkt ein Absinken der biologischen Aktivität auf $^1/_{5000}$ derjenigen des Thiamins. Die Vitaminfunktion kommt überhaupt zum Erlöschen, wenn an der Stelle 4′ des Thiazolteiles die Methylgruppe durch die Oxymethylgruppe ersetzt wird (Schultz 1940).

5-Oxythiamin ist ein im Pyrimidinteil des Moleküls abgewandeltes System; es wurde erstmals im Jahre 1935 synthetisiert (Bachman, Williams). Mäuse und Hühner, denen neben einer thiaminarmen Kost Oxythiamin verabreicht wurde, schieden trotzdem reichlich Thiamin im Harn aus und zeigten gleichzeitig eine Erhöhung des Milchsäure- bzw. Brenztraubensäurespiegels (Frohman und Day 1949). Die toxische Wirkung des Oxythiamins beschränkt sich indes auf die Hemmung der Cocarboxylasefunktion, während neurologische Veränderungen unterbleiben (Woolley und Merrifield 1952).

Es ergeben sich indes bei der Beurteilung der Befunde weiterer Experimentaluntersuchungen hinsichtlich der Konstitutionsspezifität des Thiamins interessante Aspekte. Wird die Thiazolkomponente des Thiamins durch Penicillin ersetzt (Schulman, Dick und Farrer 1957), so etwa, daß dieses in Form des Natriumbenzylpenicillins gleichzeitig mit der Pyrimidin-Komponente an thiaminfrei ernährte Ratten verabreicht wird, dann wirkt dieses Stoffpaar im Rattenorganismus Neuritis verhindernd und heilend. Ferner zeigt es sich, daß das synthetische 2-Chlordesmethyl-Thiamin (Dornow 1953) beim Lactobacillus-fermenti-Test keine Wachstumshemmung bewirkt und wenn die Aminopyrimidingruppe im Thiamin-Molekül durch verschiedene Aminopyridin-Derivate ersetzt wird, so entstehen Verbindungen, die nur mehr eine schwache Thiaminwirkung ausüben. Das ist ein sehr auffälliger Befund, wenn man bedenkt, daß andererseits ganz geringfügige Veränderungen am Molekül zum vollständigen Erlöschen der Vitaminfunktion führen, ja unter Umständen der Anlaß sind, daß stark antagonistisch wirkende Systeme auftreten.

h) Hat sich der Ersatz des Pyrimidinteiles im Thiamin-Molekül durch Pyridinabkömmlinge im Hinblick auf die biologische Aktivität nur in dem Sinne ausgewirkt, daß lediglich schwach wirksame Systeme entstanden sind, so ist ganz im Gegensatz dazu der Ersatz des Thiazolteiles im Thiamin durch ein Pyridinringsystem mit den gleichen Substituenten, wie im Thiazolteil, von weittragenden Folgen begleitet. Man nennt diese Verbindung Pyrithiamin (III), welche von TRACY und ELDERFIELD (1941) erstmalig, wenn auch

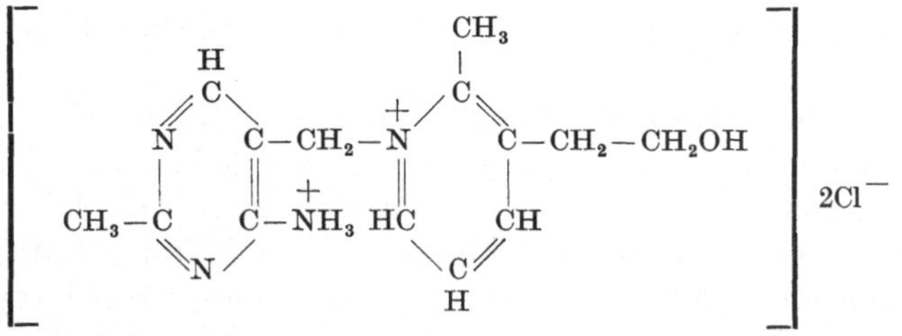

$$\left[\begin{array}{c} \text{Strukturformel Pyrithiamin} \end{array}\right] 2\text{Cl}^-$$

III

nicht in ganz reinem Zustande, synthetisiert wurde. Dieses neue Gebilde besitzt äußerst starke antagonistische Wirkungen (WOOLLEY 1947; WOOLLEY und WAIDE 1943). Der antagonistische Einfluß wirkt sich nicht nur auf die Ausscheidung größerer Thiaminmengen im Harn der Versuchstiere zufolge der Verdrängungsreaktion aus, sondern Pyrithiamin provoziert ausgesprochene Neuritiden und ist daher als spezifisches Nervengift anzusehen (BLAIZOT und ANDRAL 1956). Physiologisch-chemische Untersuchungen mit Pyrithiamin haben weiter ergeben, daß durch diesen Antagonisten der Gehalt an Cocarboxylase sowohl im Gehirn, im Muskel und der Leber herabgesetzt ist, während Oxythiamin eine Senkung des Cocarboxysalegehaltes nur in der Leber bewirkt (DE CARO, RINDI, PERRI und FERRARI 1956). Konform mit diesen geschilderten Befunden bei der Verabreichung von Pyrithiamin gehen auch die Ergebnisse von SCHOPFER (1957).

Neben diesen beschriebenen Antagonismen zwischen Thiamin und mehr oder weniger stark abgewandelten Thiaminanalogen sind auch antagonistische Wirkungen zwischen Vitamin-Molekülen untereinander beobachtet worden. So z. B. besteht ein gewisser Antagonismus zwischen Thiamin und Pyridoxin; dieser Antagonismus ist allerdings bisher nur im Bereiche der Mikroorganismen beobachtet worden, wie z. B. bei der Testung mit B₆-Vitamin bei *Saccharomyces carlsbergensis* (RABINOWITZ und SNELL 1949).

Auch HARRIES (1952) fand, daß *Neurospora*-Mutanten gehemmt werden; im Sinne der Beobachtungen an Pyridinanalogen des Thiamins wird diese Wirkung als Konkurrenzreaktion um die thiaminsynthetisierenden Fermente gedeutet.

Es bestehen indes einwandfreie Beobachtungen dafür, daß auch synergistische Einflüsse bei Gegenwart zweier oder mehrerer Vitamine obwalten; bei gleichzeitiger Verabreichung von Thiamin und Vitamin D soll in manchen Fällen ein höherer Cocarboxylase-Spiegel im Blut auftreten als bei Verabreichung der gleichen Menge Thiamin allein (RÄIHÄ und FORSANDER 1952).

Auch aus diesen Beobachtungen geht, wie es scheint, zwingend hervor, daß im mengenmäßigen Verhältnis der Vitamine zueinander ein bestimmtes Optimum herrschen muß, wenn die Harmonie der Stoffwechselvorgänge erhalten bleiben soll.

i) Was nun die Herstellung von neuen Molekülen betrifft, die das gesamte Thiamingerüst als Teilmolekül enthalten, so sind solche Versuche — wenn man von der Herstellung einer Reihe von Carbonsäureestern absieht — bisher nicht angestellt worden.

j) Die Therapie mit Thiamin ist bei dem sehr komplexen Krankheitsgeschehen der Beriberi in erster Linie indiziert (Stepp-Kühnau-Schroeder 1952).

Wir wissen jedoch heute, daß die Verwendung der Cocarboxylase an Stelle von Thiamin in der Therapie große Vorteile besitzt; schon im physiologisch-chemischen Verhalten im Taubentest zeigt sich die Überlegenheit der Cocarboxylase vor dem freien Thiamin in dem Sinne, daß bei vergleichbaren Mengen an Vitaminmolekül, die verabreichte Cocarboxylase doppelt so wirksam als Thiamin erscheint (Lohmann und Schuster 1937).

Hinsichtlich der Therapie mit Cocarboxylase scheint die Verabreichung derselben namentlich dann besonders aussichtsreich zu sein, wenn die Phosphorylierungsvorgänge gestört sind. Dies trifft vor allem bei Herz- und Kreislaufschäden zu; aber auch als Leberschutztherapie ist Cocarboxylase angezeigt. Schließlich ist die Cocarboxylase bei der Behandlung von Neuritiden, bei Asthma bronchiale, in der Chirurgie, beim Addisonschen Krankheitsbild, bei der Hyperthyreose sowie in der Schwangerschaft vorteilhaft, an Stelle von Thiamin anzuwenden. Aber auch als Schutzmaßnahme bei Strahlenkrankheiten bewährt sich Cocarboxylase ausgezeichnet.

Da Zusammenhänge zwischen dem Phosphorylierungsvermögen des Organismus und Thiamin sowie dem Insulin anderseits bestehen, ist es verständlich, daß beim Diabetes mellitus der Cocarboxylase-Spiegel erniedrigt erscheint (Siliprandi 1952); jedoch bestehen diesbezüglich keine einheitlichen Auffassungen (Segre 1959). Durch Insulinverabreichung tritt in der Regel eine Normalisierung des Cocarboxylasegehaltes des Blutes beim Diabetiker ein; anderseits wird aber bei gleichzeitiger Verabreichung von Insulin und Cocarboxylase ein synergistischer Effekt beobachtet, in dem Sinne, daß die blutzuckersenkende Wirkung des Insulins um 20 bis 30% erhöht wird (Stutinsky 1951).

Da wir aber auch wissen, daß Lactoflavin blutzuckersenkend wirkt (Stepp 1935), ist es verständlich, beim Diabetes mellitus den Vitamin-B-Komplex zu verabreichen. An dem Kohlenhydratabbau ist neben den Vitaminen des B-Komplexes auch noch das E-Vitamin beteiligt, worüber aus Anlaß der Besprechung dieses Vitamins noch berichtet werden wird.

Was die Beziehungen des Thiamins zu anderen Vitaminen betrifft, ist zu sagen, daß schon geringe Thiaminmengen Ascorbinsäure vor Autoxydation schützen (Parrot und Cotereau 1948). Diese Beobachtung geht konform mit Erfahrungen bei in-vivo-Versuchen: Es konnte gezeigt werden, daß der Vitamin-C-Bedarf bei gleichzeitiger Thiaminverabreichung vermindert ist (Takahashi und Murakani 1938). Die gleichen Beobachtungen wurden auch beim Menschen gemacht (Stöger 1939). Ferner soll bei gleichzeitiger Verabreichung von Thiamin und Vitamin D beim Menschen eine Höhe des Blutcarboxylase-Spiegels erreicht werden, wie eine solche nach vergleichbarer Thiamingabe allein nicht erzielt werden kann (Räihä und Forsander 1952).

2. Vitamin B_2 = Lactoflavin = Riboflavin

a) Wie der Name schon andeutet, stellt Lactoflavin einen gelben Körper vor, welcher in der Milch vorkommt und von BLYTHE im Jahre 1879 in Form eines roten Harzes aus der Molke in unreinem Zustande isoliert wurde. Den Wirkstoff aus der Molke zu kristallisieren gelang im Jahre 1933 (R. KUHN, GYÖRGY und WAGNER-JAUREGG). Der gelbe Wirkstoff erwies sich in der Folgezeit als Farbkomponente des in den Jahren 1932—1933 isolierten gelben Atmungsfermentes (WARBURG und CHRISTIAN). Bezüglich des Vorkommens von Lactoflavin in verschiedenen Nahrungsmitteln vgl. Tab. 2.

Tab. 2. *mg Riboflavin in 100 g Nahrungsmitteln* [1]

Hefen	4,0 —15,0	Käse	0,12—0,8
Weizen	0,02 — 0,17	Eidotter	0,24—0,40
Weißbrot	0,03 — 0,08	Fische	0,04—1,4
Schwarzbrot	0,25	Fleisch	0,05—1,2
Früchte	0,005— 0,03	Leber	2,0 —3,0
Nüsse	0,1 — 0,7	Kaffee	0,8 —0,9
Spinat	0,01 — 0,5	Reiskleie	0,5
Weißkraut	0,01 — 0,5	Kartoffeln	0,027
Kuhmilch	0,02 — 0,3	Bier	0,02—0,04

[1] Entnommen dem Nachschlagewerk über Vitamine (MERCK 1957), S. 60.

b) Die chemische Struktur wurde von R. KUHN und seinem Kreis weitgehend geklärt, so daß die Synthese des Lactoflavins in den Jahren 1935 und 1936 auf mehreren Wegen ausgeführt werden konnte (KARRER und Mitarbeiter).

c) Die Bruttoformel der Verbindung $C_{17}H_{20}N_4O_6$ läßt erkennen, daß das Vitaminmolekül neben Kohlenstoff, Wasserstoff, Sauerstoff und Stickstoff enthält. Den strukturellen Aufbau gibt (IV) wieder; der Genfer Nomenklatur nach ist Lactoflavin mit 6,7-Dimethyl-9-(α, 1-ribityl)-isoalloxazin identisch. Lactoflavin stellt ein orangegelbes, kristallines Pulver vor, von geringer Löslichkeit in Wasser, mit dem Schmelzpunkt 280—285° (unter Zers.). Lactoflavinlösungen werden durch Einwirkung von sowohl sichtbarem als auch Ultraviolett-Licht zerstört.

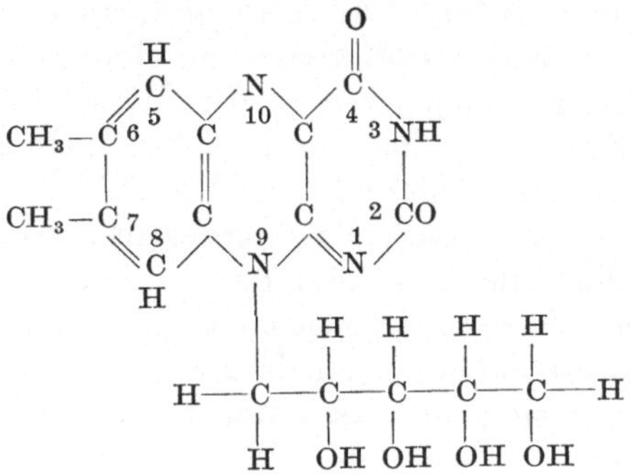

IV

d) Die biologisch wirksame Form, das Coenzym der Flavoproteine, ist nach den grundlegenden Untersuchungen von WARBURG und CHRISTIAN (1938, 1939) Flavin-Adenin-dinucleotid (V). Dieses Dinucleotid unterscheidet sich vom isolierten Lactoflavin durch seine rotgelbe Farbe.

```
            O               NH₂
     H      ‖               |
     C    N   C             C
CH₃—C   C   C   NH      N   C———N
                              ‖
CH₃—C   C   C   C=O  HC   C   CH
     C   N   N           N   N
     H
         CH₂                 H—C———————
                                |        |
      H—C—OH              H—C—OH         |
                                |        |  O
      H—C—OH              H—C—OH         |
                                |        |
      H—C—OH  OH       OH  H—C———————————
         |    |        |    |
      H—C—O—P—O————————P—O—CH₂
         |    ‖        ‖
         H    O        O

                    V
```

Durch die Bindung an Eiweiß wird der stark negative Wert des Potentials für Lactoflavin von —0,185 V (20°, pH 7) auf das Niveau lebenden Gewebes gehoben, und zwar auf — 0,060 V (pH 7; 30°). Das freie Lactoflavin und auch Lactoflavinphosphorsäure wären außerstande, Wasserstoff zu transportieren (STEPP-KÜHNAU-SCHROEDER 1952 [1]).

Mit den Proteinmolekülen vereinigen sich sowohl Lactoflavinphosphorsäure als auch Lactoflavindinucleotid. Es sind aber auch zahlreiche andere Flavinenzyme bekanntgeworden, wobei entweder als prosthetische Gruppe Flavin-Adenindinucleotid oder Lactoflavinphosphorsäureester fungieren.

e) Diese Flavinenzyme, wovon schon zahlreiche isoliert worden sind (vgl. VOGEL-KNOBLOCH 1955 [1]), haben im Großen gesehen, eine gemeinsame Aufgabe, nämlich Oxydoreduktionsprozesse zu steuern.

Ermöglicht wird diese Aufgabe dadurch, daß an den Stellen 1 und 10 des Isoalloxazinringes 2 Wasserstoffatome von Redoxysystemen mit stark negativem Potential übernommen werden; die Wasserstoffaufnahme erfolgt in der Regel vom Substrat auf das Flavinenzym nicht direkt, sondern es wird vom Substrat durch die Codehydrasen I und II (Nicotinsäureamid als Co-Fermentteil), an das Flavinenzym weitergereicht, wobei Dihydroflavinenzyme gebildet werden, die ihrerseits den aufgenommenen Wasserstoff entweder über das eisenhältige Cytochrom-c an das schwermetallhältige Warburgsche Atmungsferment und von da aus an den Luftsauerstoff übergeben, während der Sauerstoff zu Wasserstoffperoxyd hydriert wird. Andererseits kann Dihydroflavinenzym den Wasserstoff unter Umgehung der Cytochrome direkt auf den Luftsauerstoff übertragen; dies ist z. B. bei dem

„alten" gelben Ferment von WARBURG-CHRISTIAN (1932) der Fall, dessen Coenzymteil aus der Lactoflavinphosphorsäure besteht.

Von diesen Wasserstoffübertragungsformen ist der oxydative Abbau der Glucose, Glucose-6-Phosphat, Fructose und Fructosephosphat, Äthylalkohol, Äpfelsäure, Milchsäure, Glycerinphosphorsäure und Triosephosphorsäure, eines Metaboliten des Energiestoffwechsels, betroffen.

Einige Flavinenzyme übertragen den aufgenommenen Wasserstoff auf noch unbekannte Akzeptoren, anscheinend der Körperklasse der Chinone angehörend (STEPP-KÜHNAU-SCHROEDER 1952 [2]). Diese Chinone müssen in der Dihydroform unter den Milieubedingungen der Zelle autoxydabel sein. Außerhalb des Milieus der Zelle findet man derartige autoxydable Chinone in der Reihe der Benzochinone (z. B. Oxypseudocumochinon, PONGRATZ) oder in den reduzierten Formen der meisten Küpenfarbstoffe; vor allem gilt dies auch für Methylenblau und seine Leukoform, das schon lange als Akzeptor für biologisch übertragenen Wasserstoff erkannt ist (H. WIELAND). Es sind indes gewichtige Gründe dafür vorhanden, daß namentlich im Kohlenhydratstoffwechsel auch die Vitamine E und K eingreifen, worauf später noch bei der Besprechung dieser Vitamine, zurückgekommen werden soll.

Die meisten der vorhin aufgezählten Wasserstoffdonatoren sind Zwischenprodukte des Zuckerstoffwechsels; so erklärt es sich, daß Lactoflavinmangel vielfältige Störungen im Zuckerhaushalt verursacht, wovon ganz besonders der an Diabetes mellitus leidende Kranke betroffen ist (BEIGELBÖCK und SEEMANN 1944).

f) Der Tagesbedarf des gesunden Erwachsenen wird mit rund 2 mg angenommen; indes erhöhen Belastungen des Organismus aller Art, die unter dem Namen Stress zusammengefaßt sind, sowie Schwangerschaft und Stoffwechselerkrankungen, diesen Bedarf beträchtlich.

g), h) Konstitutionsspezifität. Schon Änderungen der Struktur des Ribityl — also des Zuckerrestes—, z. B. Ersatz dieses durch den Riboserest, verursacht ein Verschwinden der biologischen Wirksamkeit (KUHN und RUDY 1933; KUHN und STRÖBELE 1937). Durch Veresterung der Hydroxylgruppen im Ribitylteil tritt ein teilweiser Verlust der Vitaminaktivität auf; so zeigt Tetraacetylribityl-Flavin im Rattenversuch noch Vitaminwirksamkeit (KUHN 1936). Konstitutive Veränderungen im Isoalloxazinring, wie etwa eine Eliminierung einer der Methylgruppen an den Stellen 6 oder 7 bewirkt, im Rattenversuch getestet, ein Absinken der biologischen Aktivität auf den halben Wert (KARRER und QUIBELER 1936; KARRER und STRONG 1936; KUHN, VETTER und RZEPPA 1937), während eine Verschiebung der beiden Methylgruppen von den Stellen 6 und 7 des Ringsystemes an die Stellen 5 und 6, zu einem Antagonisten des Lactoflavins führt (EMERSON und TISHLER 1944; EMERSON, WURTZ und JOHNSON 1945). 6, 7-Dichlor-9-(α, 1′-ribityl)-isoalloxazin, also ein Dichlorlactoflavin, fungiert *Staphylococcus aurea* gegenüber als Antagonist (KUHN 1943).

Die intakte Iminogruppe an der Stelle 3 des Ringsystemes vermittelt offenbar die Verknüpfung mit dem Apoferment. Es ist daher verständlich, daß N-Methylierung an der Stelle 3 des Laktoflavinmoleküls ein vollständiges Erlöschen der Vitaminfunktion zur Folge hat (Abderhalden 1944).

Ebenso müssen die Stellen 5 und 8 frei bleiben, wenn nicht die Vitaminfunktion verlorengehen soll (Stepp-Kühnau-Schroeder 1952 [3]). Es wurde über das Entstehen von Lactoflavin-Antagonisten berichtet, wie solche durch bestimmte Änderungen in der Molekülstruktur auftreten. Es hat indes den Anschein, daß Lactoflavin selbst als Antagonist für bestimmte Stoffwechselregulatoren fungieren kann; durch neue Untersuchungen (Zirm 1956) haben wir davon Kenntnis erhalten, daß der Winterschlaf des Igels durch einen Wirkstoff geregelt wird, dessen wässerige Lösung im UV eine intensive gelbe Fluoreszenz zeigt, die an die der Lösung des Lactoflavins erinnert. Verabreicht man winterschlafenden Igeln parenteral Lactoflavin, so erwachen die Tiere nach kurzer Zeit, um nach 24 bis 48 Stunden wieder einzuschlafen, wenn weitere Gaben an Lactoflavin nicht zugeführt werden. Wenn es sich im Hinblick auf Lactoflavin um nicht autotrophe Organismen handelt, bedeutet ja die Beziehung Vitamin—Antivitamin ein Gleichgewicht; im Sinne dieser Denkweise wird man daher folgern dürfen, daß Lactoflavin einen Antagonisten des Winterschlafhormons beim Igel vorstellt, unabhängig von der noch zu ermittelnden Konstitution dieses Hormons.

i) Über die Herstellung von neuen Verbindungen, die das Lactoflavin-Molekül als Teilstück enthalten und deren Einsatz in der Therapie, ist zur Zeit noch nichts bekanntgeworden.

j) Lactoflavintherapie: Man wird bei der Therapie zu unterscheiden haben zwischen Mangelzuständen und erhöhtem Vitaminbedarf, wie er bei bestimmten Krankheitsvorgängen eintritt. Reine Lactoflavinmangelzustände am Menschen wurden eindeutig erst relativ spät festgestellt; Sebrell und Butler (1938), haben die Symptome der Alactoflavinose (Ariboflavinosis) gekennzeichnet. Schwerpunkte des äußeren Krankheitsgeschehens sind Schäden an der Haut, der Schleimhaut sowie am Auge, neben mehr oder weniger schweren gastro-intestinalen Erscheinungen, Wachstumsstörungen als Ausdruck des gehemmten Stoffwechsels, ferner hämatologische Zustandsbilder, die mit der behinderten Hämoglobin-Synthese einhergehen. Durch Lactoflavingaben werden die Ausfallserscheinungen rasch behoben.

k) Was die Beziehungen des Lactoflavins zu anderen Vitaminen betrifft, ist seine enge Verflechtung mit Thiamin hervorzuheben, da beide entscheidende und sich ergänzende Aufgaben im Kohlehydratstoffwechsel haben; ebenso sind die Beziehungen zum Nicotinsäureamid, das in Form der Co-Dehydrasen als wasserstoffübertragendes Ferment fungiert, von besonderer Wichtigkeit.

Schließlich ist versucht worden, die wachstumshemmende Wirkung gewisser Flavine, die Antagonisten des Lactoflavins sind, zur Bekämpfung maligner Geschwülste auszunutzen (Lettré 1940 und Lettré und Fernholz 1940), doch wäre es verfrüht, Prognosen für die Möglichkeit der Krebsbekämpfung beim Menschen mit diesen Mitteln zu erstellen.

3. B₅-Vitamin = Pantothensäure = Filtratfaktor = Antigrauhaarfaktor = Kücken-Antidermatitisfaktor

a) Im Jahre 1933 entdeckte R. B. WILLIAMS einen Wirkstoff, der in allen Pflanzen vorkommend, das Bakterien- und Hefewachstum spezifisch anregte; gleichzeitig gelang ihm die Isolierung des Wirkstoffes aus Säugetierleber. Damit war der Nachweis erbracht, daß dieser Wirkstoff für die belebte Natur von allgemeiner Bedeutung ist. Bezüglich des Vorkommens unterrichtet die nachstehende Tabelle 3 [4].

Tab. 3. *mg Pantothensäure in 100 g Nahrungsmitteln*

Hefe	18—35	Verschiedene Fische	
Reiskleie	8	(Sardinen, Makrelen,	
Sojabohnenmehl	1,0—1,5	Thunfisch)	0,1—0,5
Kartoffeln	0,2—0,6	Fleisch und Innereien	
Spinat	0,72—0,78	(Schwein, Kalb, Rind)	1,6—7,5
Tomaten	1,5—2,0	Eigelb	7,0—9,9
Früchte	0,03—0,3		

b) Die Aufklärung der Struktur der Pantothensäure gelang wenige Jahre später (WILLIAMS und Mitarbeiter 1937—1938); danach stellt Pantothensäure eine Aminosäure der Summenformel $C_9H_{17}NO_5$ vor; sie wird als d(+)-α, γ-Dioxy-β, β-dimethyl-butyryl-β-alanin bezeichnet und ihre Struktur ist durch die Formel (VI) wiedergegeben. Die Pantothensäure kann durch Hydrolyse leicht in die beiden Bruchstücke: α,γ-Dioxy-β,β-dimethylbuttersäure und β-Alanin zerlegt werden.

c) Die Resynthese der Pantothensäure aus den beiden Bruchstücken gelingt z. B. leicht, wenn

$$HO-CH_2-\overset{\overset{\displaystyle H_3C}{|}}{\underset{\underset{\displaystyle H_3C}{|}}{C}}-\overset{\overset{\displaystyle H}{|}}{\underset{\underset{\displaystyle OH}{|}}{C}}-\overset{\overset{\displaystyle O}{\|}}{C}-NH-CH_2-CH_2-COOH$$

VI

man anstelle der β, β-Dimethyl-α-γ-dioxybuttersäure ihr Lacton, das α-Oxy-β, β-dimethyl-γ-butyrolacton, mit β-Alanin in Gegenwart von Natriummethylat bei Zimmertemperatur zur Pantothensäure zusammengefügt (Schw. P. 215.779).

Pantothensäure stellt ein hellgelbes, viskoses und hydroskopisches Öl dar, das bis jetzt nicht zur Kristallisation gebracht werden konnte; in Wasser und Alkohol löst sie sich leicht, in Chloroform ist sie unlöslich. In neutraler Lösung ist die Säure einigermaßen beständig, Milieuverschiebungen zu stark sauren oder stark alkalischen Bereichen sowie höhere Temperaturen führen zur Zerstörung.

d) Die biologisch wirksame Form der Pantothensäure ist das Coenzym-A; die Umwandlung von Pantothensäure in Coenzym-A erfolgt in der Leber, und zwar stellt Coenzym-A Triphosphorpantothennucleotid dar und das Pantothensäure-Molekül ist darin mit Cysteamin, 2 Phosphorsäureresten, einem Molekül Ribosephosphat und einem Molekül Adenin verknüpft; damit

---

[4] Entnommen aus dem Nachschlagwerk über Vitamine (MERCK 1957), S. 141.

der Aufbau zum Coenzym-A-Molekül in der Leber ablaufen kann, ist die Gegenwart von Thyroxin erforderlich (Flaschenträger und Lehnartz 1956).

Für die Bildung des Coenzym-A (VII) ist aber darüber hinaus die Gegenwart von Adenosintriphosphat sowie von Mg-Ionen erforderlich, wobei zunächst der Phosphorsäurerest an das γ-Hydroxyl des α, γ-Dioxy-β, β-dimethylbuttersäurerestes gebunden wird (weitere Reaktionsschritte bis zum Coenzym-A, vgl. Flaschenträger und Lehnartz l. c.).

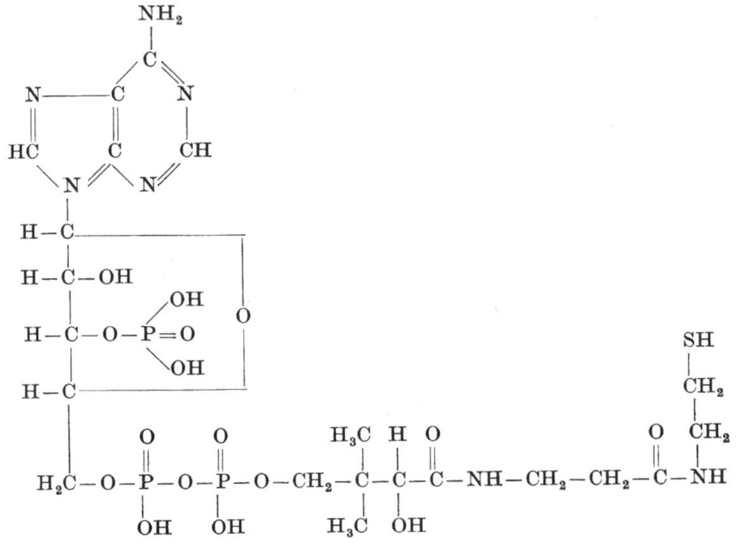

$$
\begin{array}{c}
\text{NH}_2 \\
|\\
\text{C} \\
\text{N}-\text{C}\quad\text{N} \\
\text{HC}\quad\text{C}\quad\text{CH} \\
\text{N}\qquad\text{N} \\
|\\
\text{H}-\text{C}-\!-\!-\!-\!- \\
|\\
\text{H}-\text{C}-\text{OH} \\
|\qquad\text{OH} \\
\text{H}-\text{C}-\text{O}-\text{P}=\text{O}\quad\text{O} \\
|\qquad\text{OH} \\
\text{H}-\text{C}-\!-\!-\!-\!- \\
|\\
\text{O}\quad\text{O}\qquad\text{H}_3\text{C}\ \ \text{H}\ \ \text{O}\qquad\qquad\qquad\text{O}\quad\text{SH} \\
\|\quad\|\qquad\qquad|\quad\|\qquad\qquad\qquad\quad\|\quad| \\
\text{H}_2\text{C}-\text{O}-\text{P}-\text{O}-\text{P}-\text{O}-\text{CH}_2-\text{C}-\text{C}-\text{C}-\text{NH}-\text{CH}_2-\text{CH}_2-\text{C}-\text{NH}\cdots\text{CH}_2\text{-CH}_2 \\
|\qquad|\qquad\qquad|\quad| \\
\text{OH}\quad\text{OH}\qquad\text{H}_3\text{C}\ \text{OH}
\end{array}
$$

VII

Bei Veresterung der S—H-Gruppe im Cysteaminteil des Moleküls mit organischen Säuren, wie Essigsäure, zu einem Thioester, entstehen die energiereichen Bindungen, die die für die weiteren Umsetzungen erforderliche Aktivierungsenergie in sich tragen.

e) Die Stoffwechselaufgaben der Pantothensäure im Verband des Coenzym-A sind sehr vielgestaltig; als Bestandteil mehrerer Coenzyme — wovon Coenzym-A eines ist — stellt die Pantothensäure einen Biokatalysator von allgemeiner Bedeutung dar. Die Funktionen des Coenzym-A, in Form der „aktivierten Essigsäure", stellen ein wichtiges Vermittlungssystem beim Auf- und Abbau der Kohlenhydrate, der Fette und der Eiweißkörper vor. Für die biologische Übertragung von Acetylresten — eine der Hauptaufgaben des Coenzym-A in der acetylierten Form — kommen als Acetyldonatoren Brenztraubensäure, α-Ketoglutarsäure und einige Aminosäuren in Frage. Der Abbau der Brenztraubensäure als zentrales Glied im Kohlenhydratstoffwechsel wird von der Pantothensäure her am Carbonylsauerstoff und vom Thiamin am Carboxylsauerstoff vorgenommen (Olson und Stare 1949).

Zu weiteren wichtigen und interessanten Stoffwechselaufgaben des Coenzym-A gehören:

1. Acetylierung von Cholin zu Acetylcholin (NACHMANNSOHN und JOHN; NACHMANNSOHN und MACHADO, vgl. STEPP-KÜHNAU-SCHROEDER 1952):

$$\underset{\text{Cholin}}{HO \cdot CH_2 \cdot CH_2 \cdot N(CH_3)_3} + \underset{\text{Acetyl-Coenzym-A}}{R \cdot S \cdot COCH_3} \xrightarrow{\overset{\text{Brenztraubensäure}}{CH_3CO \cdot COOH}}$$

$$\longrightarrow \underset{\text{Acetylcholin}}{CH_3 \cdot CO \cdot O \cdot CH_2 \cdot CH_2 \cdot N(CH_3)_3} + \underset{\text{Coenzym-A}}{R \cdot SH}$$

und zwar erfolgt die Synthese des Acetylcholins aus Cholin mittels Acetyl-Coenzym-A, in Gegenwart von Brenztraubensäure als Acetyldonator (COHEN und MINZ 1950).

2. Acetylierung von Sulfonamiden als Entgiftungsvorgang.

3. Bildung von Acet-Essigsäure aus Essigsäure und Acetylcoenzym-A.

4. Bildung von Zitronensäure aus Oxalessigsäure und Acetylcoenzym-A.

f) Der Tagesbedarf wird im Mittel zu 2 bis 4 mg für den gesunden Menschen geschätzt; dabei ist festzustellen, daß der Bedarf der Organismen um so höher wird, je höher die Konzentrationsnorm im Organismus liegt. So kommt es, daß Mikroorganismen, mit ihrer relativ hohen Pantothensäurekonzentration, und die Pantothensäure selbst nicht synthetisieren können, einen Pantothensäuremangel viel empfindlicher wahrnehmen als Säuger oder Mensch. Dadurch wird es verständlich, daß Pantothensäuremangel bei Säuger oder Mensch, deren Resistenz gegen bestimmte bakterielle Infektionen erhöht (WEST-BAUT-RIVERA-TISDALE-ROBINSON-SIEGEL 1943).

g) Bezüglich der Konstitutionsspezifität kann man sagen; daß sie sehr groß ist; auch im Falle der Pantothensäure ergibt sich bei dieser Fragestellung die Tatsache, daß bei struktureller Abwandlung des Moleküls je nach der Art und dem Ort, an dem sie vorgenommen wird, entweder die biologische Aktivität bis zu einem gewissen Grad erhalten bleibt, verschwindet oder Moleküle mit antagonistischen Eigenschaften resultieren.

Wird z. B. die Carboxylgruppe der Pantothensäure verestert oder zur Alkoholgruppe reduziert, so sind die so entstandenen Verbindungen noch biologisch wirksam (KAUFMANN 1953). Ebenso hat Ersatz einer β-Methylgruppe durch die Oxymethylgruppe bezüglich der biologischen Aktivität keine Konsequenzen, d. h. sie ist trotz dieser strukturellen Änderungen erhalten geblieben (MITCHELL, SNELL und WILLIAMS 1940). Alle diese Wirkstoff-Moleküle haben eben gewissermaßen besondere „neuralgische Punkte", an denen schon geringfügige konstitutive Abwandlungen zum Verlust der biologischen Aktivität führen. Es ist bemerkenswert, daß beim Ersatz der Carboxylgruppe im Pantothensäure-Molekül durch die Sulfogruppe ein Sulfosäureanaloges entsteht, das gegenüber Pantothensäure nicht-autotrophen Stämmen bakteriostatisch wirkt, wobei angenommen wird, daß diese Reaktionsweise auf eine Bindung des Apoenzymes (Proteinteil des Simplex) zurückzuführen ist (KUHN, WIELAND und MÖLLER 1941; SNELL 1941, MCILLWAIN 1942).

h) Wenn durch Weglassung der β-Alaninbindung, also Spaltung an der Peptidbindung, die so entstandene verkürzte Carbonsäure (Pantoylsäure) in ihr Hydrazid verwandelt wird (VIII), so stellt diese Verbindung einen sehr starken Antagonisten der Pantothensäure dar (Madinaveitia, Martin, Rose und Swain 1945).

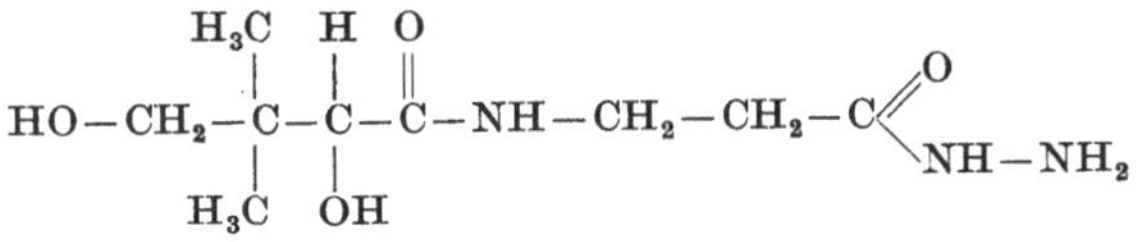

$$HO-CH_2-\underset{\underset{\displaystyle H_3C}{|}}{\overset{\overset{\displaystyle H_3C}{|}}{C}}-\underset{\underset{\displaystyle OH}{|}}{\overset{\overset{\displaystyle H}{|}}{C}}-\overset{\overset{\displaystyle O}{\|}}{C}-NH-CH_2-CH_2-C\underset{NH-NH_2}{\overset{O}{\diagup}}$$

VIII

$$HO-CH_2-\underset{\underset{\displaystyle H_3C}{|}}{\overset{\overset{\displaystyle H_3C}{|}}{C}}-\underset{\underset{\displaystyle OH}{|}}{\overset{\overset{\displaystyle H}{|}}{C}}-\overset{\overset{\displaystyle O}{\|}}{C}-NH-CH_2-CH_2-C\overset{O}{\diagup}\bigcirc$$

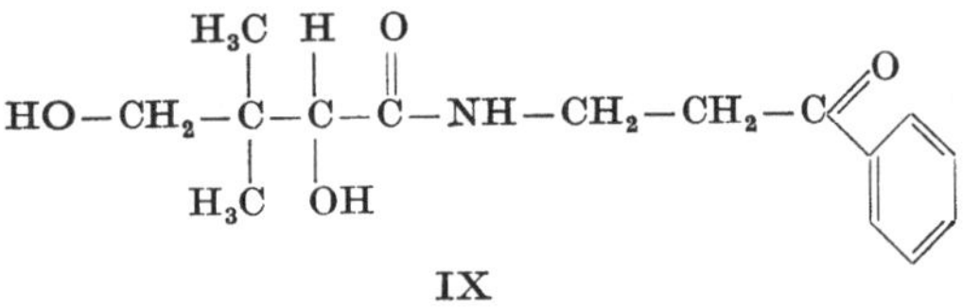

IX

Schließlich wurde im Phenylpantothenon (IX) ein Antagonist gefunden, der auch als Hemmstoff gegenüber Pantothensäure-autotrophen Stämmen in Erscheinung tritt und bei der Hefe die Bildung von Coenzym-A inhibiert.

i) P a n t o t h e n s ä u r e d e r i v a t e. In neuerer Zeit ist der Versuch unternommen worden, zwei verschiedene Vitamin-Moleküle in einem einzigen Molekül zu vereinen; durch Umsatz von Mesoinositschwefelsäurehexaester mit Calcium-pantothenat wurde der Mesoinositpantothensäurehexaester gewonnen (Chemie Grünenthal 1954). Dieser Hexaester des Mesoinosits mit Pantothensäure wird in der Therapie nicht als komplexes Vitamin angesehen, sondern in erster Linie gegen Haarausfall und als Antigrau-Haarfaktor mit protrahierter Wirkung verwendet.

j) In der inneren Medizin ergeben sich als Anwendungsgebiete entzündliche Erkrankungen der Mundschleimhaut, der Atemwege und des Magen-Darm-Kanals sowie bei Hepatopathien und in Verfolg einer Leberschutztherapie; in der Chirurgie wird sie mit Erfolg bei Verbrennungen und Verletzungen verwendet und schließlich in der Dermatologie bei Haarwuchsstörungen, vorzeitiger Ergrauung der Haare und Schuppenbildung. Diese Symptome sind nur äußerer und sichtbarer Ausdruck für die durch Pantothensäuremangel bedingten Störungen im Kohlenhydrat-, Fett- und Eiweißstoffwechsel (Stepp-Kühnau-Schroeder 1952 [4]).

k) Wie schon vorhin bei der Beschreibung der Synthese des Coenzym-A in der Leber erwähnt wurde, ist hiebei u. a. auch die Anwesenheit von Thyroxin erforderlich. Die Erscheinungen der Schilddrüseninsuffizienz sind zum Teil indirekt sicher durch Ausfall der Pantothensäurefunktion bedingt, weshalb sich auch beim Myxödem die gleichzeitige Verabreichung von Pantothensäure und Thyroxin erfolgreich gezeigt hat (Glanzmann und Meier 1945). Sinngemäß bewirkt Pantothensäure m a n g e l eine gewisse Ruhigstellung der Schilddrüse (Morgan-Simms, Glanzmann 1939).

Aber auch die Nebennierenrindenfunktion ist von der Gegenwart der Pantothensäure abhängig; pantothensäurefreie Ernährung bei Ratten führt

zu Blutungen und Nekrose der Nebennierenrinde (DAFT und SEBRELL 1939).
Es wird angenommen, daß die Pantothensäure, natürlich in Form des Co-
enzyms-A für die Synthese der Nebennierenrindenhormone erforderlich ist
(SRERE-CHAIKOFF-DAUBEN, vgl. STEPP-KÜHNAU-SCHROEDER 1952).

4. p-Aminobenzoesäure

a) Bezüglich der p-Aminobenzosäure ist zu sagen, daß es heute zweifel-
haft ist, sie zu den lebensnotwendigen Wirkstoffen des Menschen- oder
Säugetierorganismus zu zählen (STEPP-KÜHNAU-SCHROEDER 1952[5]). Wohl aber
ist die p-Aminobenzoesäure als Teilstück der Pteroylglutaminsäure (Folsäure) von lebenswichtiger Bedeutung. Bezüglich des Vorkommens orientiert
die Tabelle 4.

Tab. 4[1]. Gehalt an p-Aminobenzoesäure in γ/g frei und gebunden

Muskel (Ratte)	1,7	Weizenkeime	1,8
Harn (Mensch)	0,5	Kohl (trocken)	14
Bäckerhefe	5,6	Spinat	0,6
Bierhefe	6,0—61		

[1] Aus VOGEL-KNOBLOCH, II. Bd., 1. Teil, S. 331.

Die Entdeckung und Isolierung der p-Aminobenzoesäure als Antidot
der Sulfonamide ist WOODS zuzuschreiben (1940). Nach FIELDES ist die
p-Aminobenzoesäure ein unentbehrlicher Wuchsstoff für zahlreiche Mikroorganismen (FIELDES 1940).

Die p-Aminobenzoesäure ist im Tier- und Pflanzenreich weitverbreitet,
wobei sie zum Teil in freier, zum überwiegenden Teil in gebundener Form,
z. B. als Polypeptidkette mit 10—12 Glutaminsäureresten verknüpft ist.

b) Die Konstitutionsaufklärung war relativ einfach und ist
ebenfalls WOODS zu danken (X).

c) Ebenso ist die Synthese leicht durchzuführen, am bequem-
sten durch Kaliumpermanganat-Oxydation des p-Acetylamino-
toluols oder durch Reduktion der p-Nitrobenzoesäure. Die
p-Aminobenzoesäure kristallisiert in farblosen Kristallen, die
bei Zimmertemperatur in Wasser nur wenig, in der Siedehitze äußerst leicht
löslich sind; sie schmilzt bei 186° C und verhält sich zufolge ihrer Struktur
amphoter.

d) Was die biologisch wirksame Form der p-Aminobenzoesäure für
Mensch und Säugetier betrifft, so ist darüber nicht allzuviel bekannt; nach
Befunden von R. KUHN (1941) tritt uns die p-Aminobenzoesäure in der
Natur häufig als p-Aminobenzoyl-1-glutaminsäure entgegen, die im Hinblick auf ihr antagonistisches Verhalten zu den Sulfonamiden sich bedeu-
tend wirksamer zeigte als die freie p-Aminobenzoesäure (SAMPEN, JONES
1946 und 1947). Aber auch im Hinblick auf die Vitamin-Wirksamkeit wird
die p-Aminobenzoesäure durch ihr Glutaminsäurepeptid weit übertroffen
(STEPP-KÜHNAU-SCHROEDER 1952[6]). So gesehen, stellt das p-Aminobenzoesäure-

glutaminsäure-monopeptid in struktureller Hinsicht ein in der Folsäure vor-
kommendes Teilstück vor.

e) Eindeutige p-Aminobenzoesäure-Mangelsymptome sind nicht gesichert;
nach Befunden von Sieve (1943), soll es bei Ratten durch p-Aminobenzoe-
säuremangel zu Fortpflanzungs- und Laktationsstörungen kommen.

Hingegen besitzt die Mehrzahl der Bakterien für p-Aminobenzoesäure
ein gutes Synthesevermögen, während andere heterotroph und daher auf
die Zufuhr von p-Aminobenzoesäure angewiesen sind. Zahlreiche Autoren
nehmen an, daß auch bei den Mikroorganismen anscheinend die p-Aminobenzoesäure erforderlich ist.

f) Hinsichtlich des Tagesbedarfes des Menschen liegen zur Zeit keine
Angaben vor.

g) Die Konstitutionsspezifität der p-Aminobenzoesäure ist nicht so klar
erkennbar wie bei anderen Vitaminen, da verschiedene Derivate ebenfalls
Vitaminwirksamkeit besitzen. Dies gilt besonders für ihre Amide, Ester,
Glucoside usw. (Stepp-Kühnau-Schroeder 1952 [7]).

Besonders für die Ester ergibt sich die interessante Tatsache, daß sie
sowohl oberflächenanästhetisch oder lokalanästhetisch wirksam sind und
auch die Fähigkeit haben, p-Aminobenzoesäure als Vitamin zu vertreten.
Im speziellen gilt dies für den p-Aminobenzoesäure-äthylester (Anästhesin)
und den β-Diäthylamino-äthylester (Novocain) oder auch für den Dimethyl-
amino-äthylester.

Allein neuere pharmakologische und klinische Untersuchungen mit Novocain am Menschen haben gezeigt, daß bei parenteraler Verabreichung,
namentlich bei gleichzeitiger Gegenwart der Vitamine des B-Komplexes
bei alten Menschen eine auffallende Besserung der senilen Erscheinungs-
bilder zu beobachten ist (Aslan 1958; Köhler 1958).

Bei dieser Art der Anwendung des Novocains steht natürlich der lokalanästhetische Effekt im Hintergrund.

h) Von Systemen, die antagonistisch zu p-Aminobenzoesäure wirken,
sind etwa zu nennen: Ester der p-Oxybenzoesäure (Verwendung als Kon-
servierungsmittel), wiewohl z. B. p-Oxybenzoesäure gegenüber Rickettsien
sich wie ein Vitamin verhält und mit p-Aminobenzoesäure eine gewisse
Wachstumshemmung bei *Rickettsiosa* sich erzielen läßt (Takemori und Kitaoka 1952).

2-substituierte p-Aminobenzoesäuren, wie etwa 2-Chlor-p-aminobenzoe-
säure, sind nicht nur als Anti-Vitamine der p-Aminobenzoesäure anzusehen,
sondern sind als Salicylsäurederivate auch Anti-Metaboliten der Pantothensäure (Stepp-Kühnau-Schroeder 1952 [8]), wobei angenommen wird, daß
auf die durch Salicylsäure oder Acetyl-salicylsäure (Aspirin) inhibierte
Synthese der Pantothensäure im Bakterienorganismus aus den Molekül-
bruchstücken, die antirheumatische Wirkung der Salicylsäure-Präparate
zurückzuführen sei.

Die ausgesprochenen Anti-Metaboliten der p-Aminobenzoesäure sind die
Sulfonamide, wobei als erstes das Sulfanilamid erkannt wurde; bekanntlich konnte durch Variation der die NH_2- und SO_2NH_2-Gruppe tragenden

Molekülteile eine gewisse Spezifität gegenüber den verschiedensten Mikroorganismen erzielt werden (vgl. R. Kuhn 1959).

i) Von Derivaten der p-Aminobenzoesäure, die von biologischem Interesse sind, wurden schon vorhin Anästhesin, Novocain u. a. genannt; in neuester Zeit ist durch Kondensation von Novocain mit Nicotinsäure p-Nicotinoylamino-(β-diäthylamino)-äthylester hergestellt worden, bei welchem die lokalanästhetische Wirkung voll erhalten ist, aber die roborierende Wirkung auf die Körperzellen dominiert (Pongratz-Zirm 1958).

j) Eine unmittelbare Verwendung von p-Aminobenzoesäure zu therapeutischen Zwecken ist bisher nicht bekanntgeworden.

k) Von den Beziehungen zu anderen Vitaminen und Wirkstoffen ist der Zusammenhang mit der Pteroylglutaminsäure bedeutungsvoll, worüber im 5. Kapitel berichtet wird.

5. Pteroylglutaminsäure = Folsäure = Citrovorumfaktor

a) Snell und Peterson (1939) fanden, daß gewisse Milchsäurebakterien, wie etwa *Streptococus faecalis*-R, neben Aminosäuren und Vitaminen einen Faktor benötigen, der aus Spinatblättern angereichert werden konnte und der daher als Folsäure bezeichnet wurde (Mitchell, Snell und Williams 1942).

Tab. 5[1]. *mg Folsäure in 100 g Nahrungsmitteln.*
(Einschließlich Folsäure-Konjugate)

Hefen	2—80	Äpfel	0,04
Spargel	0,89—1,4	Bananen	0,35
Spinat	0,4—1,1	Grapefruit	0,24
Blattsalat	0,1—0,7	Leber	25
Tomaten	0,02—0,15	Niere	0,58
Sojabohnenmehl	0,3—0,7	Hühnerei	0,3—0,8

[1] Nachschlagwerk über die Vitamine (Merck), S. 113, 1957.

Ungefähr zu gleicher Zeit wurde die Folsäure, allerdings unter anderem Namen, von Hogan und Parrott (1940), Pfiffner, Pinkley, Bloom und O'Dell (1947 und 1943), aus Schweineleber bzw. Hefe isoliert. Die vorhin erwähnten Autoren nannten den Wirkstoff Vitamin B_c.

b) Einen entscheidenden Beitrag zur Strukturaufklärung der Pteroylglutaminsäure lieferten O'Dell, Vandenbelt und Pfiffner (1947) durch oxydativen Abbau der Säure. (Über weitere Beiträge zur Konstitution der Folsäure vgl. Vogel-Knobloch 1955 [2]).

Demnach stellt Folsäure N-[4([(2-Amino-4-oxypterityl)-methyl]-amino)-benzoyl]-glutaminsäure vor.

c) Die erste Synthese wurde von einem Forscherteam der Lederle Laboratories veröffentlicht (Angier und Mitarbeiter 1946 und 1948); Synthesen mit besseren Ausbeuten an Endprodukt wurden bald darauf beschrieben (Karrer, Schwytzer 1948; Weygand, Wacker, Mann, Rewolt und Lettré 1950).

Eine bequeme Synthese der Folsäure ist z. B. im USP, Nr. 2,472.462, beschrieben.

Die Pteroylglutaminsäure (Folsäure) (XI), welche die Summenformel $C_{19}H_{19}N_7O_6$ besitzt, ist zufolge des Glutaminsäurerestes eine zweibasische Säure und bildet in festem Zustand orangegelbe Kriställchen, die sich oberhalb 250° dunkel färben, doch ohne zu schmelzen; sie ist in kaltem Wasser sehr schwer löslich, etwas leichter in heißem, wobei 0,1 %ige Lösungen erhältlich sind. Der pH-Wert der wässerigen Lösung liegt bei 3.

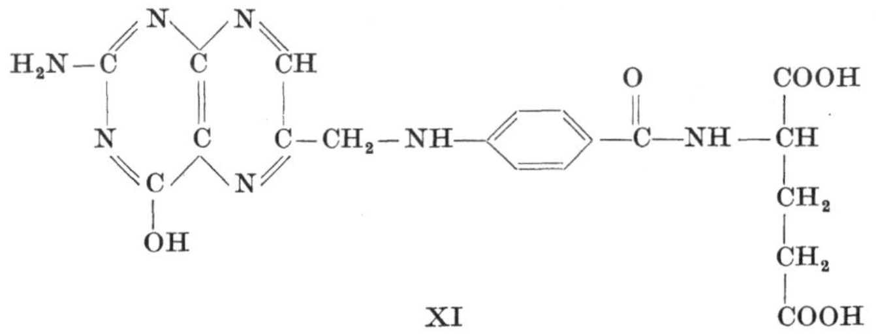

$$\text{XI}$$

Als Ampholyt bildet die Folsäure Metallsalze, wovon die der Alkalien leicht löslich sind; sie ist indes auch in Mineralsäuren löslich; durch Erhitzen mit verdünnter Mineralsäure wird sie hydrolytisch gespalten, durch kurzwelliges, sichtbares, wie UV-Licht, wird die Säure ebenfalls zerstört.

d) Da die Folsäure in tierischen und pflanzlichen Zellen (Leber, Hefe, Spinat etc.) vorwiegend in der biologisch inaktiven Form des Pteroylheptaglutaminats vorliegt (Bird, Bressler, Brown, Campbell, Emmett 1945; Bird, Robbins, Vandenbelt, Pfiffner 1946 u. a.) ist es für die biologische Verwertung inaktiver Folsäure von Bedeutung, daß im tierischen Organismus sich

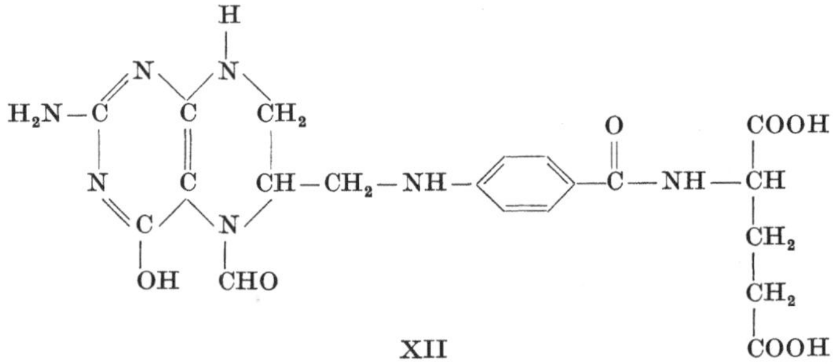

$$\text{XII}$$

Fermente, sogenannte Konjugasen vorfinden, die die überzähligen Glutaminsäurereste abspalten. Bei diesen Konjugasen handelt es sich um Fermente, die den γ-Carboxypeptidasen angehören (Kazenko, Laskowsky 1948).

Indes stellt die so durch fermentative Spaltung des Pteroylheptaglutaminates entstandene Pteroylmonoglutaminsäure noch nicht den biologisch wirksamen Cofermentteil vor. Diese Kenntnis ist Sauberlich (1949) zu danken, welcher feststellte, daß verfütterte Pteroylglutaminsäure zum großen Teil in Form eines stark wuchsstoffaktiven Derivates für *Leuconostoc citrovorum* ausgeschieden wird; die Aufklärung der Struktur dieses Citrovorumfaktors ergab, daß es sich hierbei um ein Hydrierungsprodukt der Formylpteroylglutaminsäure handelt (Shive, Bardos, Bond, Rogers 1950).

Die endgültige Aufklärung der Struktur des Citrovorumfaktors, gleichbedeutend mit Folinsäure, gelang MAY, RAVELL, BARDOS, SAUTHERLAND (1951). Demnach stellt Folinsäure 5-Formyl-5, 6, 7, 8-tetrahydro-pteroylglutaminsäure vor (XII).

Damit Folsäure im Organismus in den Citrovorumfaktor umgewandelt werden kann, ist die gleichzeitige Gegenwart von Ascorbinsäure und B_{12}-Vitamin erforderlich. Aber auch der Citrovorumfaktor selbst findet sich in der Natur hauptsächlich in Form von Konjugaten.

e) Die Folsäure ist der Wirkstoff für Protozoen bis zu den Vögeln, Citrovorumfaktor für Mensch und die meisten Säuger, während das Teilstück der Folsäure — die p-Aminobenzoesäure — die Steuerung der Mechanismen bei Bakterien und Pflanzen besorgt. Wiewohl diese drei Wirkformen der Folsäure noch nicht als wohldefinierte Coenzymsysteme charakterisiert werden konnten, fungiert die Folsäure als Wirkgruppe im Verband mit dem Protein, wie dies z. B. beim Lactoflavin erkannt wurde.

In ganz analoger Weise, wie etwa die Pantothensäure, als Coenzym-A für die Gegenwart von aktiver Essigsäure, also eines 2-Kohlenstoffsystems, sorgt, setzt Folsäure Ein-Kohlenstoffreste für die Bedürfnisse des Zellstoffwechsels aus geeigneten Donatoren frei. Solche Ein-Kohlenstoffquellen sind Glykoll und Cholin in erster Linie. Auf Grund von Versuchen mit radioaktiv markiertem C^{14}-Glykokoll (SAKAMI, WELCH 1950) hat sich ergeben, daß z. B. Glykokoll im tierischen Organismus zu Methanol, Formiat und aktiven Methylgruppen abgebaut wird.

Da zwischen der Menge des Methyldonators Glykokoll und der Menge der Folsäure eine Gleichgewichtsbeziehung besteht, kann z. B. durch ein Überangebot an Glykokoll, Folsäuremangel auftreten (STEPP-KÜHNAU-SCHROEDER 1952 [9]).

Diese Ein-Kohlenstoffreste stammen im Falle des Glykokolls ausschließlich aus dem α-Kohlenstoffatom desselben; sie werden zur Synthese von Serin, Methionin, Kreatin, Thymin, Porphyrinen und Purinbasen verwendet.

Als zweiter Methyldonator fungiert Cholin, indes nicht als solches, sondern erst nach Überführung in Betain unter Mitwirkung der Cholinoxydase (MUNTZ 1950).

Einen sicher wichtigen Abschnitt der physiologisch-chemischen Funktion der Folsäure bzw. des Citrovorumfaktors stellt die durch diese Systeme gelenkte Synthese der Purinbasen, wie Adenin, Guanin, Xanthin, Hypoxanthin dar, zumal es sich zeigte, daß Purinbasen die bakteriostatische Wirkung von Sulfonamiden bei Bakterien aufzuheben vermögen (HARRIES, KON 1941). Aus diesem Verhalten kann geschlossen werden, daß Folsäure bzw. Citrovorumfaktor die Aufgabe haben, die Purinsynthese zu fördern und daß andererseits die Purinbasen biologische Funktionen der Folsäure übernehmen können.

Eine den Eiweißumsatz betreffende Reaktion ist die durch Folsäure bewirkte Verwertung der Glutaminsäure, die für die zellulare Eiweißsynthese unentbehrlich ist (STEPP-KÜHNAU-SCHROEDER 1952 [10]). Infolge der weitreichenden Wirkungen der Folsäure auf den Ablauf der Nucleinsäure- und Eiweiß-Synthese besteht in der Zelle durch sie ein nachweisbarer Effekt der starken

Anregung des Wachstums und den Vorgängen der Fortpflanzung. Die Bedeutung der Folsäure für die Erythropoese liegt in der Förderung der Methylierung des Uracils zum Thymin, einer Vorstufe des Thymidins, welches einen wesentlichen Bestandteil der Erythrocytensubstanz vorstellt. Bei der Thymidinsynthese ist neben der Folsäure noch das B_{12}-Vitamin beteiligt.

f) Der Tagesbedarf an Folsäure wird auf 2 mg für den gesunden Erwachsenen geschätzt; indes ist dieser während der Schwangerschaft und der Stillzeit stark erhöht, ebenso auch nach Vernichtung der Darmflora durch Sulfonamid- und Antibiotikagaben.

g) Die Konstitutionsspezifität der Folsäure ist erheblich; bei den Analogen können Änderungen im Aminosäureteil, im p-Aminobenzoesäureteil und

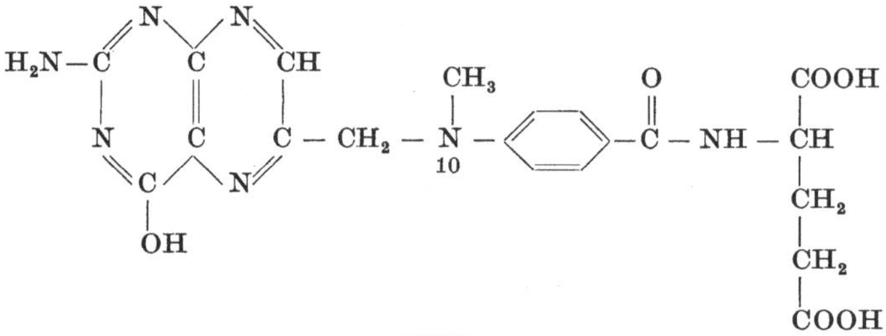

XIII

im Pteridinteil durch Austausch von Wasserstoff und Substituenten gegen andere Atome oder Atomgruppen sowie auch Veränderungen gleichzeitig an allen aufgezählten Stellen des Folsäure-Moleküls vorgenommen werden.

h) Schon Substitution des Iminowasserstoffes an der Stelle 10 des Moleküls durch Methyl (Cosulich und Smith 1948), läßt einen starken Antagonisten der Folsäure entstehen (XIII); offenbar erfolgt an der Iminogruppe die Verknüpfung mit dem Apoferment, die nicht stattfinden kann, wenn das Iminowasserstoffatom durch Methyl festgelegt ist. In diesem Zusammenhang erinnern

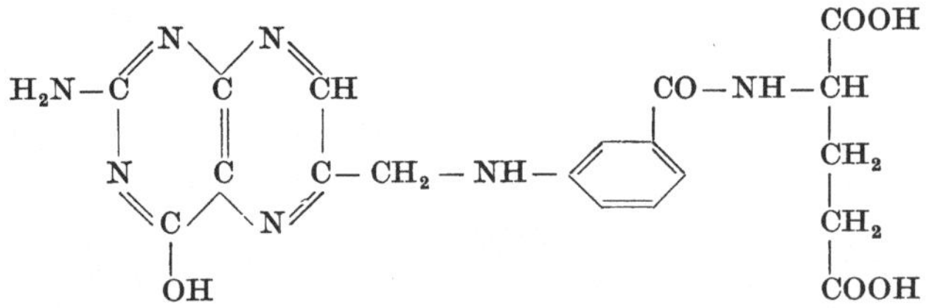

XIV

innern wir uns, daß auch beim Lactoflavin Methylierung an der Stelle 3 des Isoalloxazinringes zur Bildung eines Lactoflavin-Antivitamins Anlaß gibt (Pongratz 1957). Bei dieser Gelegenheit ist allerdings zu erwähnen, daß Ersatz des Imino-Wasserstoffatoms an der Stelle 10 des Folsäuremoleküls durch die Nitrosogruppe, die entstandene 10-Nitrosopteroylglutaminsäure biologisch aktiv geblieben ist; was wohl so gedeutet werden kann, daß die Nitrosogruppe zufolge ihrer bekannten Reaktivität die Bindung an das Apoferment offenbar vermitteln kann.

Abwandlungen des Aminosäureteiles der Folsäure bewirken eine Abschwächung der Wuchsstoffeigenschaften im Bakterienversuch (XIV/XV), in

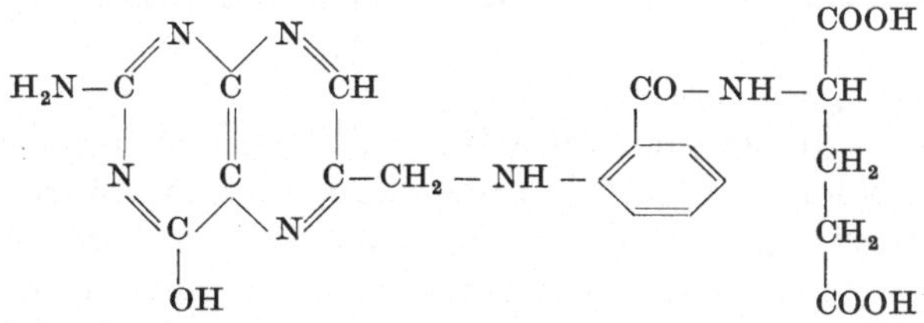

$$\text{XV}$$

einzelnen Fällen kommt es zur Bildung schwach wirkender Antagonisten, wenn etwa im Folsäuremolekül der Glutaminsäurerest durch den Asparaginsäurerest ersetzt wird (Hutchings, Mowab, Olsen, Stockstadt, Booth, Walter, Angier, Semb und Subbarow 1947).

Durch Substitution von Wasserstoffatomen des p-Aminobenzoesäurekernes durch Halogene oder Nitrogruppen (XVI) entstehen Verbindungen, die

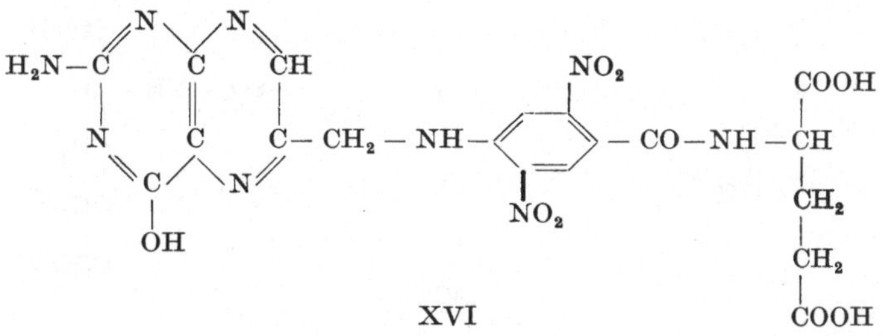

$$\text{XVI}$$

nur einen Bruchteil der biologischen Aktivität des Ausgangsmaterials aufweisen (Vogel-Knobloch 1955 [3]). Über den Gang der biologischen Aktivität, in Abhängigkeit von dem Ort und der Natur der Substituenten unterrichtet Tabelle 6.

Tab. 6[1]. *Biologische Aktivität einiger im p-Aminobenzoesäureteil substituierten Pteroylglutaminsäuren.*

Verbindung	Biologische Aktivität
2-Chlor-pteroylglutaminsäure	0
2-Fluor-pteroylglutaminsäure	+
3-Chlor-pteroylglutaminsäure	— 0,8
3-Jod-pteroylglutaminsäure	— 0,3
3, 5-Dichlor-pteroylglutaminsäure	+ 0,61
3, 5-Dibrom-pteroylglutaminsäure	+ 0,39
2-Methyl-pteroylglutaminsäure	Antagonist
3-Methyl-pteroylglutaminsäure	starker Antagonist
2-Methoxy-pteroylglutaminsäure	Antagonist
3-Methoxy-pteroylglutaminsäure	+

[1] Aus Vogel-Knobloch, Vitamine 1955.

Aus der Tabelle geht hervor, daß einmal bezüglich der biologischen Aktivität eine Abhängigkeit von der Natur des Substituenten besteht, wie eine solche zwischen 2-Chlor- und 2-Fluor-pteroylglutaminsäure zum Ausdruck kommt. Überdies scheint in der Reihe der Triaden jenes mit dem höheren Atomgewicht eine geringere Entfaltung der antagonistischen Wirkung zu verursachen; dies gilt beispielsweise für 3-Chlor-, und 3-Jod-pteroylglutaminsäure, 3, 5-Dichlor-, und 3, 5-Dibrompteroylglutaminsäure. Substitution durch die Methylgruppe sowohl an der Stelle 2 wie 3 des Aminobenzoesäureringes leiten zu starken antagonistischen Wirkungen, während bei Substitution durch die Methoxygruppe eine erhebliche Ortsabhängigkeit besteht, als deren Folge z. B. die 2-Methoxypteroylglutaminsäure einen Antagonisten vorstellt, während die entsprechende 3-Methoxyverbindung Wuchsstoffeigenschaften aufweist.

Wird der p-Aminobenzoeteil durch p-Aminosulfonsäure (XVII) ersetzt, so erlischt die biologische Aktivität (Forrest und Walker 1949; Gavard und Viscontini 1949).

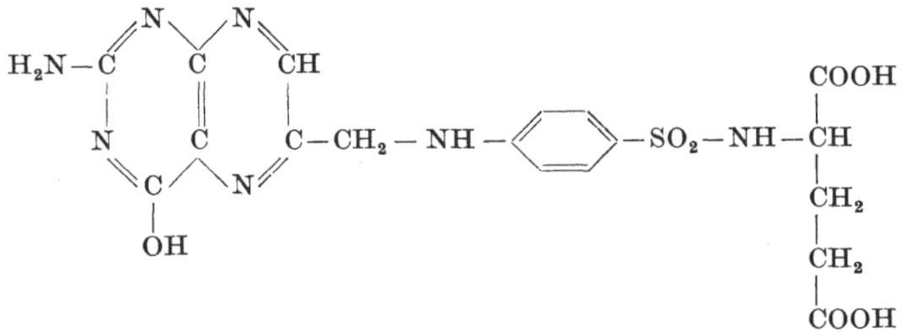

$$H_2N-C \quad N \quad N \quad CH \quad \cdots \quad C-CH_2-NH-\langle\text{Phenyl}\rangle-SO_2-NH-CH(COOH)-CH_2-CH_2-COOH$$

XVII

Wie schon oben erwähnt wurde, stellt die 10-Methyl-pteroylglutaminsäure einen Antagonisten der Pteroylglutaminsäure vor, während die 10-Nitroso-pteroylglutaminsäure ein System vorstellt, das in biologischer Hinsicht ungefähr die gleiche Aktivität besitzt als die Pteroylglutaminsäure (Cosulich, Roll, Smith, Hultquist und Parker 1951).

Durch Einbau von m- bzw. o-Aminobenzoesäure (XIV/XV) in das Pteroylglutaminsäuremolekül an Stelle der p-Aminobenzoesäure, stellt die Verbindung mit dem m-Aminobenzoesäureteil ein antagonistisches Prinzip vor (Uyeo und Mitzukami 1952), während die o-Aminobenzoesäure als Teilstück enthaltende Folsäure in biologischer Hinsicht unwirksam ist (Ochiai und Endo 1953).

Ersatz der Iminogruppe im p-Aminobenzoesäureteil des Moleküls durch Sauerstoff liefert die p-Anisoylverbindung, die gegenüber *Streptococcus faecalis*-R als Antagonist erscheint.

Die wichtigsten Analogen der Pteroylglutaminsäure werden indes durch Veränderungen am Pteridinteil des Moleküls erhalten, so z. B. wenn die in 4-Stellung befindliche Oxygruppe durch die Aminogruppe ausgetauscht wird. Die so entstandene Verbindung wird Aminopterin (XVIII) genannt, und stellt einen außerordentlich wirksamen Antagonisten der Folsäure dar, wurde erstmalig von den Arbeitskreisen von Waller und Seeger (1947 bis 1949) dargestellt, während Nichol und Welch (1950) die starke antago-

nistische Wirkung als Inhibierung der enzymatischen Umwandlung von
Folsäure in den Citrovorumfaktor deuten. Dabei wird angenommen, daß
Aminopterin und natürlich auch noch weitere im Verlaufe dieser Betrachtun-
gen herangezogene stark wirksame antagonistische Systeme der Folsäure

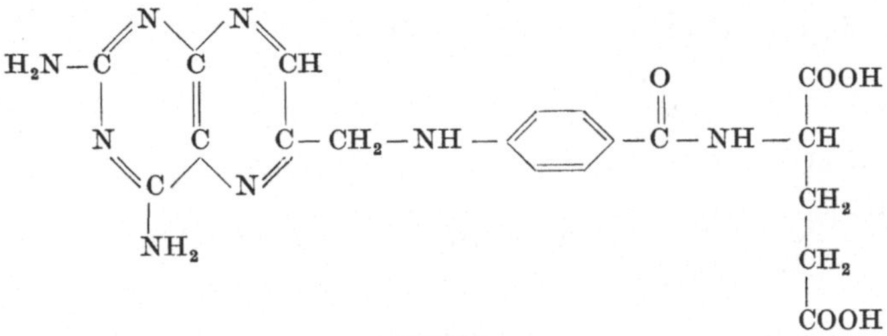

$$H_2N-C \underset{N}{\overset{N}{\diamond}} C \overset{N}{\diamond} CH \;\; C-CH_2-NH-\langle\rangle-\overset{O}{\overset{\|}{C}}-NH-\overset{COOH}{\underset{CH_2}{\underset{CH_2}{\underset{COOH}{CH}}}}$$

XVIII

sich in irreversibler Weise mit dem fraglichen Enzymsystem verbinden
(GREENSPAN, GOLDIN und SCHOENBACH 1951). Als Folge dieser irreversiblen
Enzymreaktion mit diesen starken Folsäureantagonisten ergibt sich als physiologisch-chemische Konsequenz die Tatsache, daß nach Verabreichung, etwa
des Aminopterins an Mäuse, ungefähr eine Woche vergeht, bis der Organismus wieder die Transformation von Folsäure in den Citrovorumfaktor aus-
führen kann, ja in einzelnen Fällen konnte in der Leber der Versuchstiere
noch nach 8 Monaten Aminopterin nachgewiesen werden. Vor NICHOL und
WELCH beschäftigten sich mit der antagonistischen Wirkung des Aminopterins OLESON und Mitarbeiter (1948).

Ein noch stärkerer Antagonist als das vorhin genannte Aminopterin, also
jenes Folsäuremolekül, das an Stelle 4 des Pyrimidinringsystemes statt der
Hydroxygruppe eine Aminogruppe trägt, ist jenes Gebilde, das ebenso wie
das Aminopterin in 4-Stellung eine Aminogruppe und darüber hinaus am
N^{10}-Atom an Stelle des Iminowasserstoffes eine Methylgruppe trägt; diese
4-Amino-N^{10}-Methylpteroylglutaminsäure wird Methopterin (XIX) genannt

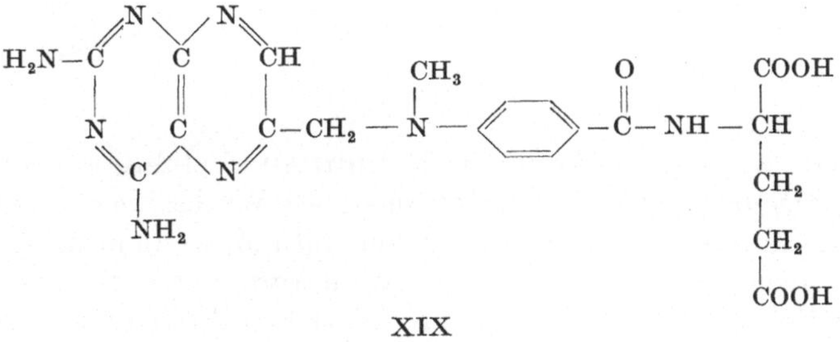

$$H_2N-C \overset{N}{\diamond} C \overset{N}{\diamond} CH \;\; C-CH_2-\underset{|}{\overset{CH_3}{N}}-\langle\rangle-\overset{O}{\overset{\|}{C}}-NH-\overset{COOH}{\underset{CH_2}{\underset{CH_2}{\underset{COOH}{CH}}}}$$

XIX

und wurde von SEEGER, COSULICH, SMITH und HULTQUIST dargestellt. Es gehört zu den stärksten Folsäureantagonisten, die wir kennen. Ein etwa ebenso
starker Antagonist liegt in der Verbindung 4-Amino-9-N^{10}-dimethylpteroyl-
glutaminsäure (Adenopterin) vor.

Von weiteren Analogen der Folsäure seien noch zu nennen das 7-Isomere
(FORREST und WALKER 1949); ferner die 7-Pteroylglutaminsäure, die überdies

in 6-Stellung methyliert ist (Boothe et al. 1952). Beide Systeme sind mikrobiologisch inaktiv, d. h. sie sind weder als Vitamin noch als Antagonist anzusprechen. Das System, das an Stelle der Aminogruppe in 2-Stellung des Moleküls die Dimethylaminogruppe trägt (Wheeler, Newton, Marrow und Hill 1952), stellt nun wieder einen Antagonisten der Folsäure vor (XX), ebenso die 2-Monomethylaminoverbindung.

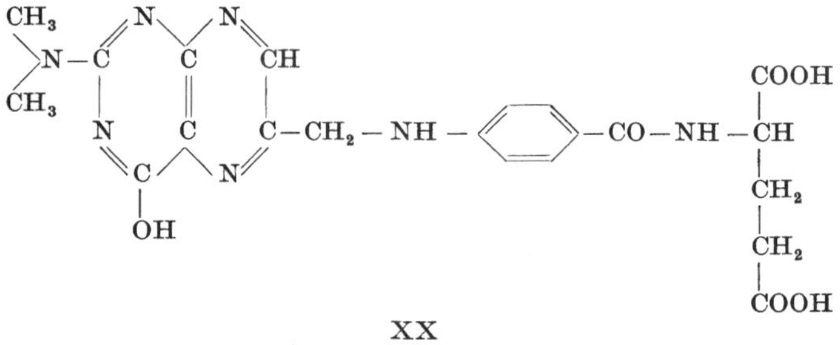

$$\begin{array}{c}
\text{CH}_3 \\
\quad\diagdown \\
\quad\quad \text{N}-\text{C} \quad\quad \text{C} \quad\quad \text{CH} \\
\quad\diagup \\
\text{CH}_3 \\
\quad\quad\quad \text{N} \quad\quad \text{C} \quad\quad \text{C}-\text{CH}_2-\text{NH}-\langle\text{C}_6\text{H}_4\rangle-\text{CO}-\text{NH}-\text{CH} \\
\quad\quad\quad\quad \text{C} \quad\quad \text{N} \\
\quad\quad\quad\quad\quad \text{OH}
\end{array}$$

$$\text{(Seitenkette: } \text{CH}-\text{COOH},\ \text{CH}_2,\ \text{CH}_2,\ \text{COOH)}$$

XX

Infolge der komplizierten Struktur des Folsäuremoleküls sind eben auch viele Möglichkeiten der Abwandlung gegeben. So ergeben sich im Test bei Mikroorganismen sowohl für die 9-Methyl-pteroylglutaminsäure (Hultquist et al. 1949) als auch für 7-Methylpteroylglutaminsäure (Boothe et al. 1952) hierbei antagonistische Eigenschaften, während aber 7-Oxypteroylglutaminsäure (XXI) noch etwa ein Zehntel der antianämischen Wirkung bei der Ratte besitzt.

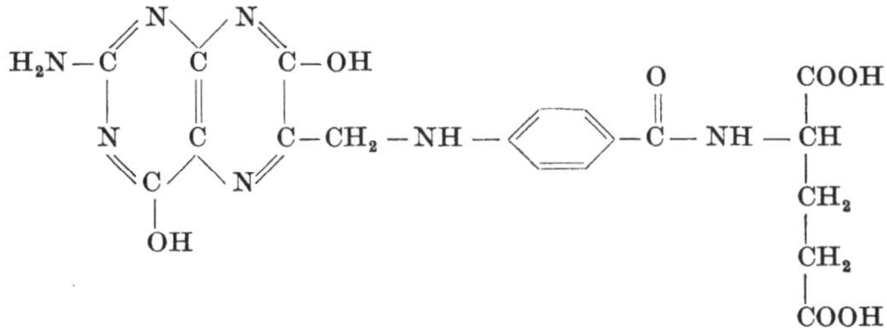

$$\begin{array}{c}
\text{H}_2\text{N}-\text{C} \quad\quad \text{C} \quad\quad \text{C}-\text{OH} \\
\quad\quad \text{N} \quad\quad \text{C} \quad\quad \text{C}-\text{CH}_2-\text{NH}-\langle\text{C}_6\text{H}_4\rangle-\text{CO}-\text{NH}-\text{CH} \\
\quad\quad\quad\quad \text{C} \quad\quad \text{N} \\
\quad\quad\quad\quad\quad \text{OH}
\end{array}$$

$$\text{(Seitenkette: } \text{COOH},\ \text{CH},\ \text{CH}_2,\ \text{CH}_2,\ \text{COOH)}$$

XXI

Andererseits zeigt die 4-Amino-3′, 5′-dinitropteroylglutaminsäure gegenüber *Streptococcus faecalis* weder Hemm- noch Wuchsstoffwirkung (Seeger et al. l. c.) Das ist ein überaus interessanter Befund, wenn man bedenkt, daß die n i c h t nitrierte 4-Aminopteroylglutaminsäure einen sehr starken Antagonisten der Folsäure vorstellt; offenbar bewirken die beiden im Phenylenrest des Moleküls sitzenden Nitrogruppen eine Beeinträchtigung der freien Drehbarkeit der Ebene des p-Aminobenzoesäureteiles zu der Ebene des Pyrimidinteiles, wodurch aus sterischen Gründen allenfalls die Wechselwirkung mit dem die Umwandlung der Folsäure in den Citrovorumfaktor vollziehenden Fermentes unterbleibt (Pongratz).

i) Unter diesen Punkt fallen die Großzahl der indifferenten Folsäurederivate, als auch jene der Antagonisten. Zweckbetonte Synthesen von Folsäure enthaltenden Systemen für die Therapie sind zur Zeit nicht bekanntgeworden, wenn man von den Abwandlungen des Folsäuremoleküls, die zu antagonistischen Systemen führen, absieht.

j) Die Folsäure bzw. ihre Wirkform — der Citrovorumfaktor (XII) — (5-Formyl-5, 6, 7, 8-tetrahydropteroylglutaminsäure) erwies sich als Heilmittel par excellence bei makrozytär-hyperchromer Anämie; damit wurde unter Beweis gestellt, daß diese Anämieformen Folgeerscheinungen eines Folsäuremangels darstellen; wenn auch normalerweise evidente Folsäuremangelzustände auf Grund der ausreichenden Folsäuresynthese der Darmflora nur selten eintreten, kann doch einerseits die Schädigung der Darmflora zufolge peroraler Sulfonamid- oder Antibiotikatherapie ausreichen, um Folsäuredefizite entstehen zu lassen; andererseits können Resorptionsstörungen an sich bei hinreichendem Folsäureangebot ein Defizit an diesem wichtigen Vitamin verursachen.

Bei dem Krankheitsbild der perniziösen Anämie spielt insoferne die Folsäure eine wichtige Rolle, als Vitamin B_{12}-Mangel seinerseits die Verwertung der Folsäure einschränkt. Die Zustände des akuten Folsäuremangels gipfeln einerseits in den Blut- und Knochenmarksveränderungen, andererseits in den intestinalen Symptomen (Sprue, Coeliakie). Die enterale und hinreichende Produktion von Folsäure durch die Darmflora setzt eine genügende alimentäre Eiweißversorgung des Organismus voraus (STEPP-KÜHNAU-SCHROEDER 1952 [11]).

Therapie mit Folsäureantagonisten. Die Beobachtung, daß Versuchstiere, die Carcinomträger sind und an Folsäuremangel leiden, eine Entwicklungshemmung der Geschwulst erkennen lassen, war der Anlaß, Folsäureantagonisten für die Therapie bösartiger Geschwülste zu erproben, zumal die Folsäure für den Ablauf der Nucleoproteidsynthese unentbehrlich ist. Folsäure wird sinngemäß um so mehr erforderlich sein, je größer die Wachstumsrate ist; der letztere Umstand trifft besonders für rasch wachsende Geschwülste zu.

STOCK und Mitarb. (1950) haben zahlreiche Verbindungen, die gewisse verwandte Strukturelemente mit Folsäure besaßen, auf ihre tumorhemmende Wirkung untersucht; hierbei haben sich Aminopterin und Amethopterin als die wirksamsten Prinzipien erwiesen. Amethopterin-(4-amino-N^{10}-methylpteroylglutaminsäure) wurde nachher mit bescheidenem Erfolg bei Leukämiekranken erprobt, indes betrug die Lebensverlängerung vom Tage der Diagnose und dem Beginn der Therapie gezählt maximal 140 Wochen, wobei namentlich bei an Leukämie leidenden Kindern die leukämischen Zellen gegen den Folsäureantagonisten resistent werden (BURCHENAL, KARNOFSKY, KINSLEY-PILLERS, SOUTHAM, MYERS, ESCHER, CRAVER, DARGEON und RHOADS 1951; ferner BURCHENAL, BABCOCK, BROQUIST und JUKES 1950).

Indes sind die Erfolge nicht sehr ermutigend, namentlich was die Hemmung bösartigen Wachstums betrifft, weil ja die Toxicität der wirksamen Verbindungen sehr hoch ist. Diese enorme Toxicität gibt sich auch daran zu erkennen, daß Frauen im 1. Schwangerschaftsmonat bei Verabreichung von 6—12 mg Aminopterin einen glatten Abgang der Frucht erleiden, worüber THIRSCH (1956) berichtet hat.

Immerhin weisen die bisherigen geringen Erfolge in welcher Richtung das Folsäuremolekül abgewandelt werden muß, damit allenfalls besser wirksame und weniger toxische tumorhemmende Stoffe gebildet werden.

k) Wie immer gilt auch für die Folsäure ein optimales Verhältnis namentlich zu den anderen Vitaminen des B-Komplexes, um ihre biologischen Aufgaben voll entfalten zu können. So kommt es auch, daß wiewohl Mensch und Tier durch lange Zeit hindurch Folsäure in einer Menge von 5 mg/kg verabreicht erhalten, diese Menge anscheinend reaktionslos vertragen wird; indes ergeben sich auf die Dauer doch Störungen der normalen Korrelation zu den Vitaminen des B-Komplexes. So ergibt sich z. B. bei Nerzen und Silberfüchsen, die durch Monate Zulagen an Folsäure zur Kost erhielten, ein Krankheitsbild, das mit Lähmungserscheinungen einhergeht; da diese Lähmungserscheinungen nur durch Zulagen von Leber behoben werden konnten, kann gefolgert werden, daß der Vitamin-B_{12}-Gehalt der Leber diese Krankheitsbilder zum Verschwinden brachte, woraus hervorgeht, daß bei andauernder Verabreichung von Folsäure eine Verarmung an B_{12}-Vitamin eintritt. Beim menschlichen Perniziosakranken ergibt sich bei langdauernder Verabreichung von Folsäure ohne gleichzeitige Vitamin-B_{12}-Gaben ebenfalls eine Erschöpfung des Vitamin-B_{12}-Vorrates, woraus sich die enge Koppelung der beiden Vitamine im Stoffwechsel ergibt. Beim Menschen sollte daher eine Folsäuretherapie, die den üblichen Tagesbedarf überschreitet (2 mg), nur bei klarer Indikation gestartet werden (Stepp-Kühnau-Schroeder 1952 [12]).

6. B₁₂-Vitamin

(Anämiefaktor, Antiperniziosastoff, Extrinsic Factor, Ernährungsfaktor X)

a) Die Beobachtung der heilenden Kraft von Leberdiät bei perniziöser Anämie geht auf Minot und Murphy (1926) zurück; sie war der Anstoß zu einer intensiven Bearbeitung der Ursachen der perniziösen Anämie sowie des Heilmechanismus der Leberdiät. Indes befand sich zu diesem Zeitpunkt die gesamte Vitaminforschung erst in ihren Anfängen. Dazu kam noch, daß das antiperniziöse Vitamin anscheinend in γ-Mengen in der Lage ist, seine bis dahin noch unbekannten Stoffwechselaufgaben im Organismus zu erfüllen. Überdies erleichterten von bestimmten Seiten ausgesprochene Vermutungen und Zweifel über die Einheitlichkeit des Antiperniziosastoffes den weiteren Fortgang der B_{12}-Vitaminforschung keineswegs. Weitere Schwierigkeiten in der Deutung der chemischen Natur und der physiologisch-chemischen Aufgaben dieses fraglichen Antiperniziosastoffes ergaben sich durch die Entdeckung von Castle und Strauss (1932), wonach das Antiperniziosaprinzip erst durch das Zusammenwirken eines im Magen produzierten enzymartigen Stoffes („intrinsic"), und eines mit der Nahrung aufgenommenen, exogenen, vitaminartigen Systemes („extrinsic") zustandekomme.

Es kann heute als ziemlich sicher gelten, daß das von Castle mit „Extrinsic factor" bezeichnete System, das mit der Nahrung aufgenommen wird, mit dem Prinzip identisch ist, welches wir als B_{12}-Vitamin bezeichnen.

Ein wirklicher Fortschritt in der Vitamin-B_{12}-Forschung ergab sich indes erst durch die Entdeckung von Miss Shorb (1948), wonach sich das Antiperniziosaprinzip als Wuchsstoff bestimmter Milchsäurebakterien erwies. Mit diesem biologischen Test war der Weg zur Reindarstellung des B$_{12}$-Vitamines frei gemacht, und die Isolierung in kristallisierter Form gelang gleichzeitig in den USA (RICKES, BRINK, KONIUSZY, WOOD und FOLKERS 1948) und in England (LESTER, SMITH 1948). Über das Vorkommen von B$_{12}$-Vitaminen unterrichtet die Tabelle 7:

Tab. 7. *µg Vitamin B$_{12}$ in 100 g Nahrungsmitteln*
Bezogen auf die Trockensubstanz [1]

Rinderleber	67—87	Käse	20,3
Schweineleber	180	Eigelb	1,4
Kalbsleber	240		
Rindernieren	17—50	*µg pro Liter:*	
Rindfleisch	0,25	Kuhmilch	3—12
Kalbsmilz	93	Ziegenmilch	0,07—0,2
Austern	15—280	Frauenmilch	0,03—1,5
Heringsmehl	26		

[1] Entnommen dem MERCK-Buch „Vitamine", Seite 94, 1957.

Die Überlegenheit von Leber und Milz hinsichtlich des B$_{12}$-Vitamingehaltes ist offenkundig; aber auch Fisch, Käse und Milch sind relativ reich an B$_{12}$-Vitamin.

b) An der Strukturaufklärung des B$_{12}$-Vitamins waren entscheidend beteiligt KUEHL, SHUNK und FOLKERS (1955), BONETT, CANNON, JOHNSON, SOUTHERLAND, TODD und SMITH (1955) sowie SCHMID, EBENÖTHER und KARRER (1953), ferner GARBERS, SCHMID und KARRER (1955), weiters CANNON, JOHNSON und TODD (1954), dann BRINK, HODGKIN, LINDSEY, PICKWORTH, ROBERTSON und WHITE (1954), ferner HODGKIN, PICKWORTH, ROBERTSON, TRUEBLOOD, PROSEN und WHITE (1955), außerdem KAMPER und HODGKIN (1955) und schließlich ARNDT (1955).

Die Mittel zu dieser Strukturaufklärung waren Methoden der Konstitutionsbestimmung, wie sie die organische Chemie lehrt, physiologischchemische Untersuchungen, Prüfung der Anreicherung mittels mikrobiologischer Teste, Methoden der Chromatographie und schließlich Fourrier-Analyse des Röntgenspektrums eines Ein-Kristalles des B$_{12}$-Vitamins, unter Einsatz eines „Standard automatic computor" an der Universität in Los Angeles.

Den genannten, ungewöhnlichen Teams gelang die ungewöhnliche Leistung der Strukturermittlung des B$_{12}$-Vitamines oder Cyanocobalamin.

Schließlich befassen sich zahlreiche Untersuchungen BERNHAUERS und seines Kreises mit Studien hinsichtlich der Biosynthese von Analogen des B$_{12}$-Vitamins, auf die unter Punkt g) dieses Kapitels zurückgekommen werden soll. Die Summenformel des B$_{12}$-Vitamins beträgt $C_{63}H_{90}O_{14}N_{14}PCo$, das Molekulargewicht 1.355,42. Mithin handelt es sich um ein sehr großes Molekül, das aber trotzdem in Wasser relativ leicht löslich ist, zufolge der vielen hydrophilen Atomgruppen. B$_{12}$-Vitamin stellt das einzige Vitamin dar, das ein Schwermetallatom kovalent und komplex im Molekül gebunden enthält. Das Kobaltatom ist als Zentralatom in einem partiell hydrierten porphyrinähnlichen Ringsystem eingelagert. Im Gegensatz zu anderen Porphyrinsystemen, in welchen die Verknüpfung der Pyrrolringe durch vier Methinbrücken erfolgt und damit das Porphyringerüst aufbauen, sind es beim B_{12}-Vitaminmolekül nur drei solcher Methingruppen; die Ringe A und D (Formel XXII [5]) sind durch eine C—C—Bindung unmittelbar miteinander

$$\text{XXII}$$

verknüpft. Über eine säureamidartig gebundene Aminopropanolgruppe ist der Nucleotidrest an das partiell hydrierte Porphyrinsystem geknüpft, wobei im natürlichen B_{12}-Vitamin als Base Dimethylbenzimidazol fungiert. An das zentrale Kobaltatom ist hauptvalenzartig die Cyangruppe gebunden, während die zweite Kovalenz mit dem Stickstoff des hydrierten Pyrrolringes D verbunden ist. Die Ringe B, C und A sowie der Dimethylbenzimidazolteil sind mit ihren Stickstoffatomen koordinativ an das zentrale Kobaltatom angelagert. Als Seitenketten im Tetrapyrrolringteil erscheinen die Säureamidgruppierungen besonders bemerkenswert. Auffallend ist auch,

---

[5] Entnommen der Arbeit „Vitamin B_{12}" von E. Lester Smith, British Medical Bulletin *12*, 52 (1956).

daß der basische Teil des Nucleinsäuremoleküls ein Derivat des Benzimid-azols darstellt.

c) B_{12}-Vitamin bildet schöne, dunkelrote Kristalle; sie sind hygroskopisch und nehmen an der Luft etwa 12% Wasser auf. Ihrer Hygroskopizität verdanken die Kristalle die leichte Löslichkeit in Wasser; die wässerigen Lösungen reagieren schwach sauer. Gut löst sich die Verbindung in Äthanol, wenig in Aceton, Chloroform und Äther. Die Bemühungen zur Synthese des B_{12}-Vitamins betreffen Synthesen auf biologischem Wege unter der Mithilfe von Mikroorganismen. Bedeutungsvoll ist die biosynthetische Darstellung von B_{12}-Vitamin mittels bestimmter Streptomycesarten, wobei pro ml Nährlösung, 1,0 bis 1,84 γ B_{12}-Vitamin erhalten werden. Durch Zusatz von Kobaltsalzen zur Nährlösung wird die Ausbeute an B_{12}-Vitamin auf etwa das Dreifache erhöht (SOUNDERS, OTTO und SYLVESTER 1952; HENDLIN und RÜGER 1950, ferner PRINZIPO und THORNBERRY 1952).

Aber auch zahlreiche Bakterien vermögen B_{12}-Vitamin zu synthetisieren; die Rolle der Darmbakterien für die B_{12}-Vitamin-Versorgung des Organismus ist bedeutungsvoll, namentlich gilt dies für *Aerobacter aerogenes*-Kulturen aus Hühnerfäces, die bedeutende Mengen an B_{12}-Vitamin synthetisieren (HALBROOK, CORDS, WINTER, SUTTON und POULFRY 1950).

d) Schon CASTLE und STRAUSS (1932) fanden, daß das antiperniziöse Prinzip erst biologisch wirksam werden kann — vorausgesetzt, daß es auf oralem Wege verabreicht wird — durch das Zusammenwirken mit einem im Magen gebildeten Protein (Intrinsic Factor). HEDBOM (1955) hat über die weitere Reinigung der zum Cyanocobalamin gehörenden Proteinkomponente berichtet. Sie stellt nach LATNER und Mitarb. (1954 und 1955) ein natürliches Mucoprotein dar, welches ein Molekulargewicht zwischen 10.000 und 20.000 besitzt und auf Grund der Befunde aus Ultrazentrifugation, Papierelektrophorese und Chromatographie ein homogenes System darstellt. Indes sind die Auffassungen über das Molekulargewicht des Intrinsic Factors geteilt. Ein homogener Protein-Vitamin B_{12}-Komplex wurde von ANDRESON und SKOUBY (1955) isoliert; seine Zusammensetzung entsprach 18 γ B_{12}-Vitamin/mg. HOLDSWORTH und OTTESEN (1955) untersuchten diese Präparation und fanden spektrophotometrisch einen Gehalt von 19 γ B_{12}-Vitamin/mg, was einem Molekulargewicht von rund 79.000 entspräche und der Zusammensetzung von 1 Molekül B_{12}-Vitamin und 1 Molekül Protein.

Von den das Protein aufbauenden Aminosäuren (WIJMENGA et al. 1954) wurden Glycin, Alanin, Leucin, Threonin, Glutaminsäure, Tyrosin und Histidin gefunden (PFIFFNER und BIRD 1956).

Die Struktur des hochmolekularen Proteinkörpers (Intrinsic Factor) zeigt, je nach Tier, chemisch unterschiedliche Merkmale. Dieser Umstand erschwert ja auch den Einsatz des Proteins bei der Therapie mit B_{12}-Vitamin; indes werden wir später noch hörenn, daß die Gegenwart von Intrinsic Factor bei der parenteralen Verabreichung entbehrlich, jedoch bei der oralen Verabreichung unerläßlich ist.

Aber auch bezüglich des Molekulargewichts des Proteinteiles bestehen große Unterschiede, wie dies schon oben angedeutet wurde. Diese Proteinsysteme stellen Glycoproteide dar und die gereinigten Intrinsic-Factor-

Präparate sind Blutgruppen-(AH) aktiv und zeigen überdies Bifidusfaktor-wirksamkeit (Latner 1954 und 1955). Die sehr unterschiedlich angegebenen Molekulargewichte des Intrinsic Factor werden auf verschiedene Molekül-größen der Trägermoleküle zurückgeführt.

e) Es bestehen bemerkenswerte Hinweise, daß B_{12}-Vitamin in Beziehung steht zur Nucleosid- und Nucleinsäuresynthese; aber auch eine Beteiligung des B_{12}-Vitamins bei der Regulierung des Eiweißstoffwechsels ist sicher-gestellt. Von Edheards und Johnson stammt die Annahme, daß Vitamin B_{12} und Methionin am Aufbau der Riboflavin- und Nicotinsäureamid enthal-tenden Fermenten beteiligt seien (weitere Einzelheiten vgl. Mannotti 1956).

f) Der tägliche Bedarf des Menschen an B_{12}-Vitamin ist schwierig anzu-geben, weil er weitgehend abhängig ist vom Zustand des Intrinsic-Factor-produzierenden Gewebes des Magens. Er ist daher mit etwa 1 bis 3 γ B_{12}-Vitamin anzusetzen. In Fällen von perniziöser Anämie bewirken auch größere Mengen an B_{12}-Vitamin, auf peroralem Wege verabreicht, keine Besserung, wohl aber ist diese zu beobachten, wenn gleichzeitig Magensaft Gesunder mitverabreicht wird (Intrinsic Factor); da bei Perniziosakranken eine täglich parenteral verabreichte Vitamin-B_{12}-Menge im Ausmaß von 1 γ optimale Effekte zeigt, ergibt sich für den Bedarf auf peroralem Wege die oben angegebene Menge von 1 bis 3 γ bei intakter Magenschleimhaut als durchaus hinreichend. Ockrent (1950) hat berechnet, daß eine Menge von 10^{-5} g Vitamin B_{12} 5×10^{15} Molekülen entspricht; bei einer durch-schnittlichen Zahl von roten Blutkörperchen beim gesunden Erwachsenen, von etwa 3×10^{13}, bedeutet dies, daß je Erythrozytenzelle 100 Moleküle B_{12}-Vitamin kommen, also eine erstaunlich geringe Menge. wenn man die Anzahl der Moleküle, die den Erythrocyten aufbauen, ins Kalkül zieht.

g) K o n s t i t u t i o n s s p e z i f i t ä t. Trotzdem heute zahlreiche Cobal-amine bekannt sind, die mannigfaltige Abwandlungen in der Molekül-struktur besonders in der Peripherie zeigen, sind eindeutige Hemmeffekte dieser Systeme nur in einem einzigen Fall beobachtet worden, und zwar betrifft dies das System Desdimethyl-B_{12}-Vitamin (XXIII), welches die Re-sorption des wahren B_{12}-Vitamins erheblich stört; d. h. also, daß die fehlenden zwei Methylgruppen im Benzimidazolring dieser Struktur offen-bar die für die Resorption entscheidenden Mengen an Intrinsic Factor bevorzugt beanspruchen (Latner und Raine 1957).

Nach Bernhauer, Blumberger und Petrides (1955) läßt sich bezüglich der Struktur der verschiedenen Cobalamine eine rationelle Einteilung treffen, und zwar bei den kompletten Cobalaminen, je nach der Art des Nucleotid-teiles bzw. der in diesem Teil befindlichen Base; so spricht man daher von 5,6-Dimethylbenzimidazol-Cobalamin als dem B_{12}-Vitamin schlechthin (XXII), und das Adenin-Cobalamin, also ein purinhältiges System, wird als Pseudo-Vitamin B_{12} bezeichnet. Hinzu kommen noch Strukturen, welche als Basen 2-Methyladenin (B_{12}-Faktor G) und 2-Methylhypoxanthin (B_{12}-Faktor H) enthalten und schließlich enthält der Vitamin-B_{12}-Faktor III als Basenanteil 5-Hydroxybenzimidazol (Friedrich und Bernhauer 1957).

Während der Vitamin-B_{12}-Faktor III (also das 5-Hydroxybenzimidazol-Analoge des B_{12}-Vitamins) sich im Antiperniziosatest als voll aktiv erwies, sind die Purinanalogen nur wenig aktiv, ebenso gilt dies für 2-Methylmercapto-Adenin-Cobalamin (FRIEDRICH und BERNHAUER 1957). Das zuletzt genannte 2-Methylmercapto-Adenin-Cobalaminanaloge stellt überdies einen neuen B_{12}-Faktor des Faulschlammes dar.

XXIII

LATNER und RAINE (1957 l. c.) befaßten sich mit der Frage, welche Stellen des B_{12}-Moleküls besondere Bedeutung für die Resorption besitzen; zu diesem Zwecke wurden folgende Systeme getestet: Pseudo-Vitamin B_{12}, Mischung der Monomethylamide des Desdimethyl-B_{12}-Vitamins und schließlich Vitamin-B_{12}-Lacton.

Pseudo-Vitamin B_{12} hemmte die Vitamin-B_{12}-Aufnahme nicht, während das Benzimidazolanaloge (Desdimethyl-B_{12}-Vitamin) dies in ziemlichem Ausmaße tut; das normale 5,6-Dimethylbenzimidazol-Cobalamin, also das B_{12}-Vitamin (XXII), wird demnach anscheinend durch das methylfreie Benzimidazolanaloge des B_{12}-Vitamins vom Intrinsic Factor verdrängt. B_{12}-Vitaminlacton blieb auf die Vitamin-B_{12}-Resorption ohne Einfluß, während die isomere Mischung der Monomethylamide eine Hemmung verursachte.

Wenn man von Desdimethyl-B_{12}-Vitamin absieht, wurden ausgesprochene Antagonisten des B_{12}-Vitamins zur Zeit noch nicht gefunden. Auch ist die Rolle von biologisch mehr oder weniger inaktiven Analogen des B_{12}-Vitamins, wie solche z. B. aus dem Faulschlamm isoliert wurden, nicht klar. Dies betrifft insonderheit 2-Methylmercapto-Adenin-Cobalamin oder das 5-Methylbenzimidazol-Cobalaminanaloge (Friedrich und Bernhauer 1957, 1958 l. c.).

Was nun die in diesem Berichte jeweils unter Punkt i) aufgezählten Derivate von Vitaminen für die Zwecke der Therapie betrifft, so erfolgte eine solche bei der Besprechung des Vitamin-B_{12}-Kapitels schon vorhin bei den einzelnen Analogen, die jedoch mit Ausnahme des Vitamin-B_{12}-Faktors III für die Therapie nicht von Bedeutung sind.

j) Therapie mit B_{12}-Vitamin. Die Indikationsgebiete des B_{12}-Vitamins sind sehr umfangreich geworden, wenngleich die wirklich nachweisbaren Erfolge auf einer breiten Basis eher als beschränkt bezeichnet werden müssen. So ist es heute vollkommen sicher, daß der Schwerpunkt der B_{12}-Therapie bei der Behandlung der perniziösen Anämie liegt; dabei ist es besonders interessant, daß neben der parenteralen auch eine perorale Behandlung dann möglich ist, wenn diese mit kleinen Folsäuregaben gekoppelt ist (Begermann 1957), wobei die perniziöse Anämie zur Remission gebracht wird, wenn nach den Angaben von Meyer und Mitarb. (1956) Tagesdosen von 25 γ B_{12}-Vitamin und 1,67 mg Folsäure gleichzeitig verabreicht werden.

Darüber hinaus kann B_{12}-Vitamin neuerdings mit Erfolg auch durch die Nasenschleimhaut verabreicht werden (Monto, Rebuck, Howell 1954, 1955, 1955).

Ein weiteres Indikationsgebiet für die Therapie mit B_{12}-Vitamin stellen Neuritiden verschiedener Ätiologie dar, indes werden die mit der B_{12}-Vitaminverabreichung erzielten Erfolge nicht einheitlich beurteilt (Bauer und Mitarb. 1956).

Die vielen Krankheitszustände, die mit B_{12}-Vitamin zu beeinflussen versucht wurden, sind überaus zahlreich; sie reichen von der Trigeminusneuralgie über Migräne und Ekzeme bis zum Diabetes mellitus; indes glauben Stepp-Kühnau-Schroeder (1957), daß mit zunehmender Erfahrung die Indikationen sich eher wieder verringern werden. Was nun die Möglichkeit der günstigen Beeinflussung gewisser Neuritiden betrifft, ist die Annahme berechtigt, daß diese Wirkungen wohl auf das cobalthältige Porphyrinsystem des B_{12}-Vitaminmoleküls zurückgeführt werden können, denn ein porphyrinähnliches System, wie das Phäophytinmolekül — also das vom Magnesiumatom befreite Chlorophyllmolekül — darstellt, und welches in komplexer Bindung zentral ein Cobaltatom trägt und als Cobaltchlorophyll bezeichnet wird, ebenfalls in der Therapie der Neuralgien mit Erfolg verwendet wird, worüber Zirm berichtet hat (1957). Jedoch ist das Cobaltchlorophyllmolekül (Erythrophyll nicht befähigt, antiperniziöse Wirkungen auszuüben, da ja der Nucleotidteil, wie er im B_{12}-Vitaminmolekül vorliegt, fehlt. Immerhin wäre es reizvoll festzustellen, ob die vielen Säureamidseitenketten im Porphyrinteil des B_{12}-Moleküls für die Ausübung der antiperniziösen Wirkung unerläßlich sind.

k), l), m) Beziehungen zu anderen Vitaminen und Wirkstoffen des B_{12}-Vitamins sind sehr vielgestaltig; Vitamin-B_{12}-Mangel verringert die Ablagerung von Vitamin A in der Leber nach Carotinzufuhr. Anderseits kann durch Injektion von B_{12}-Vitamin eine 40%ige Steigerung der Vitamin-A-Anreicherung in der Leber gegenüber der Norm festgestellt werden (HIGH WILSON 1952).

Auch zwischen Vitamin B_{12} und Pantothensäure scheinen Zusammenhänge zu bestehen im Sinne einer Sparwirkung in bezug auf den Pantothensäureverbrauch. Bei Verfütterung einer Pantothensäure-Mangelkost betrug der Gehalt der Leber an Pantothensäure 50 γ/g, während nach einem Zusatz von 30 γ B_{12}-Vitamin je Kilogramm Kost in der Leber pro Gramm nur 60 γ Pantothensäure gefunden wurden. Wechselwirkungen bestehen zwischen Cobalamin und Pteroylglutaminsäure; die Rolle der beiden Wirkstoffe für die Bereitstellung von aktiven Methylgruppen ist lange bekannt (KNOBLOCH 1954). Sowohl Cobalamin als auch Pteroylglutaminsäure aktivieren die Porphyrinsynthese, erhöhen außerdem den Porphyringehalt der Erythrozyten (BENARD, GAJDOS, GAJDOS-TÖRÖK 1951; BENARD, GADJOS und GAJDOS-TÖRÖK 1951 [1]).

Nach VOGEL-KNOBLOCH (1954) greifen Vitamin B_{12} und Pteroylglutaminsäure an verschiedenen Stellen der Enzymkette des Desoxyribonucleinsäurestoffwechsels an (vgl. NIEWEG, VAN BUCHAM und PRALSE 1952).

Thymidin kann an Stelle von B_{12}-Vitaminen antiperniziöse Wirkungen ausüben, so daß angenommen wird, daß die antiperniziöse Wirkung des B_{12}-Vitamins über die Synthese des Thymidins abläuft (SHIVE, RAVEL und EAKIN 1948).

Die mitgeteilten Ergebnisse über Konstitution und physiologische Wirkungen des B_{12}-Vitamins beruhen — wie wir gesehen haben — auf einem gedanklichen Gebäude ohnegleichen.

7. Pyridoxin, Pyridoxal, Pyridoxamin, Adermin = B₆-Vitamin

a) Die B₆-Vitamin-Wirkung kommt den drei ähnlich gebauten Verbindungen, also Pyridoxol (= Pyridoxin) sowie Pyridoxal und Pyridoxamin, die man im allgemeinen zur Vitamin-B₆-Gruppe, dem Pyridoxin, zusammenfaßt zur Geltung; ihre chemischen Unterschiede werden unter b) abgehandelt werden. Bezüglich des natürlichen Vorkommens dieses Vitaminkomplexes ist hervorzuheben, daß in Pflanzen das Pyridoxol überwiegt, namentlich in den grünen Teilen, während in tierischen Zellen und der Hefe die Phosphorsäureester des Pyridoxals und Pyridoxamins vorherrschen. Die Tabelle 8 gibt über die mengenmäßige Verteilung der verschiedenen Vitamin-B₆-Formen in den unterschiedlichen Nahrungsmitteln Auskunft.

b), c) und d) Die Ursachen, weshalb das dem Vitamin-B₆-Komplex zugrunde liegende chemische Prinzip als essentiell erkannt wurde, sind sehr

mannigfaltig; Mangelerscheinungen sind gekennzeichnet durch zentralnervöse und hämatologische Zustandsbilder. Die erstmalige Reindarstellung
aus natürlichen Quellen gelang Kuhn, Wendt und Westphal (1939); ebenso
verdanken wir Harris und Folkers eine Synthese des B_6-Vitamins (1939).
Im mikrobiologischen Test zeigte sich nach Snell, Cuivard und Williams

Tab. 8 [1]. *Gehalt einiger tierischer und pflanzlicher Materialien an Pyridoxin, Pyri-*
doxal und Pyridoxamin (in mg/%) nach Rabinowitz-Snell

	Pyridoxin HCl	Pyridoxal HCl	Pyridoxamin 2 HCl
Huhn: Leber	0	3,8	4,0
Herz	0	0,8	1,2
Brustmuskel	0,8	3,7	0,1
Gehirn	0,9	1,1	0,7
Niere	0	3,0	2,6
Ratte: Leber	0,9	2,9	0,9
Herz	0,1	1,0	0,9
Brustmuskel	0,5	2,2	0
Gehirn	0,4	0,9	0,4
Niere	1,0	3,3	1,3
Milz	0	0,4	0,1
Sarkom	0,3	0,2	0,9
Rindsleber	0	0,7	3,1
Fisch, gefroren	0	1,0	2,2
Trockenbierhefe	0	0,5	3,6
Bäckerhefe, trocken	0	0,75	1,1
Vollmilch	0	0,03	0,01
Ei	0	0,56	0,12
Eiklar	0,3	0,02	0,01
Eidotter	0	1,1	0,4
Blattsalat	0,9	1,2	0
Sellerie	0,9	0,8	0,25
Paprika, grün	2,0	0,8	5,3
Ganze Zitrone	1,0	0,3	0,07
Karotten, frisch	0,7	0,2	0,03
Erbsen	0,13	0,05	0,04
Weizen, Vollkorn	0,9	0,2	0,37
Weizenkeim	0,3	0,09	0,07
Maismehl, gelb	0	0,14	0,11

[1] Aus Stepp-Kühnau-Schroeder (1952), 342.

(1944, 1945), daß das in Hefe und tierischen Zellen vorkommende B_6-Vita-
min das Pyridoxin mehrhundertfach übertrifft, und zwar kommt das aus
Hefe und tierischen Zellen wirksame B_6-Vitamin in den Formen Pyridoxal
— eine Aldehydgruppe enthaltend — und Pyridoxamin vor, welches an
Stelle der Aldehydgruppe eine Methylenaminogruppe trägt. Diese Befunde
gehen auf Snell (l. c.), sowie Gunsalus und Bellamy (1944) zurück.

Wie noch weiter unten ausgeführt werden wird, fungiert Pyridoxal in Gestalt der 5-Phosphorsäure als Coferment einer großen Anzahl von Enzymen. Die chemische Erforschung der Struktur wurde durch das typische Bild der B_6-Rattenmangelkrankheit wesentlich gefördert. Neben der Reindarstellung des Pyridoxin durch die Schule R. Kuhn (l. c.) wurde die Verbindung in den USA ziemlich gleichzeitig durch Kereszty und Stevens (1938) aus Reiskleie in kristallierter Form erhalten. Die drei Strukturen des B_6-Vitamins entsprechen folgenden Formelbildern.

1. Pyridoxin (XXIV): Die freie Base schmilzt bei 154°, das salzsaure Salz bei 206—208°; letzteres ist in Wasser sehr leicht löslich. Pyridoxin hat amphoteren Charakter, demnach reagiert eine 10%ige Lösung des Pyridoxin-Hydrochlorides deutlich sauer (pH = 2,5).

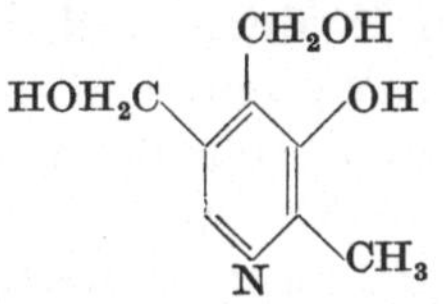

XXIV 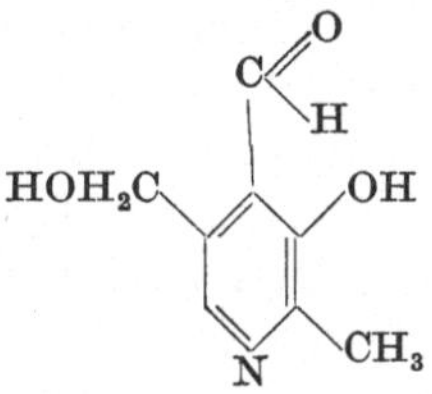   XXV

2. Pyridoxal (XXV): Die erste in-vitro-Synthese stammt von Harris, Heyl und Folkers (1944); in Form des Phosphorsäureesters (XXVI) stellt das Pyridoxal das Coferment der Transaminasen und Decarboxylasen vor, und zwar wurde von Visconti, Ebenöther und Karrer (1952) die Stelle 5 im Molekül als Verknüpfungsort mit der Phosphorsäure erkannt.

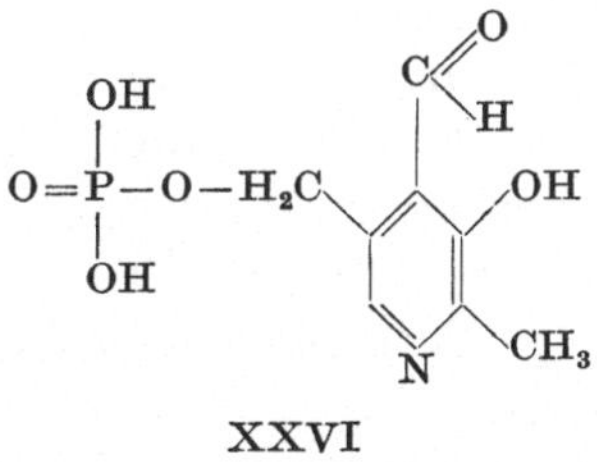

XXVI 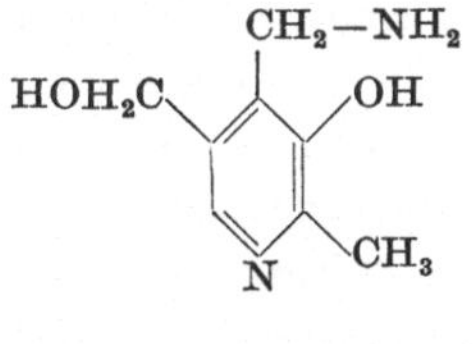   XXVII

3. Pyridoxamin (XXVII): Die Strukturaufklärung und Synthese leisteten Harris, Heyl und Folkers; die Verbindung findet sich in der Natur, ebenso wie Pyridoxal, vorwiegend in Form des Phosphorsäureesters (Rabinowitz, Snell 1947, 1948, 1949 [1]). Der Phosphorsäureester des Pyridoxamins, der von Umbreit, O'Kane und Gunsalus synthetisiert wurde (1946, 1948), besitzt wohl Cotransaminase-, nicht aber Decarboxylasewirkung.

e) Das B_6-Vitamin ist für jede lebende Zelle unentbehrlich, denn die beiden phosphorylierten Formen einerseits des Pyridoxals und andererseits des Pyridoxamins sind Coenzyme wichtiger Fermente, welche den Umsatz der Aminosäuren und Proteine lenken, zum Unterschied von den Vitaminen

Thiamin, Lactoflavin und Nicotinsäureamid, die vornehmlich Träger des Kohlenhydrat- und Fettstoffwechsels darstellen.

Vitamin B_6 übt aber auch einen entscheidenden Einfluß auf den Umsatz S-haltiger-Aminosäuren und bei der Übertragung S-haltiger Gruppen auf andere Moleküle aus (Thompson, Guerrant 1953). Der dem Pyridoxalphosphat zugrunde liegende Auf- und Umbau des Zellproteins basiert auf einer ganzen Reihe von Einzelfunktionen, mit denen Pyridoxalphosphat als Coenzym decarboxylierender, transaminierender, racemisierender und desulfurierender Fermente verknüpft ist. Im besonderen also die Kohlendioxydabspaltung aus Aminosäuren (l-Tyrosin, l-Dioxyphenylalanin, l-Arginin, l-Lysin, l-Ornithin, l-Cysteinsäure, l-Glutaminsäure und l-Asparaginsäure).

Es bestehen Gründe für die Annahme, daß das pyridoxalhältige Ferment, welches Aminosäuren decarboxyliert, auch in der Lage ist, im Sinne einer Gleichgewichtsbeziehung aus entsprechenden Aminen und Kohlendioxyd Aminosäuren aufzubauen, denn Milchsäurebakterien sind in Gegenwart von Pyridoxin und Kohlendioxyd nicht auf die Zufuhr der unentbehrlichen Aminosäuren Phenylalanin, Lysin, Arginin und Asparaginsäure angewiesen (Stokes, Gurmess, Dwyer, Gaswell 1945, ferner Lyman, Moseley, Wood, Butler, Hale 1947) wenngleich diese Fähigkeit Vitamin B_6-haltiger Fermente zur Aminosäuresynthese auch durch die grundsätzlich mögliche Teilnahme an Transaminierungsvorgängen gedeutet werden kann. In Form der Cotransaminase tauscht es in reversibler Reaktion die Aminogruppe von 25 Aminosäuren gegen die Ketogruppe der α-Ketoglutarsäure aus, im Sinne der Beziehung:

$$\alpha\text{-Aminosäure} + \alpha\text{-Ketoglutarsäure} \rightleftharpoons \alpha\text{-Ketosäure} + \text{Glutaminsäure};$$

Die Vitamin-B_6-haltige Wirkgruppe stellt in diesen Fällen Pyridoxaminphosphat dar (Umbreit 1955).

Eine dritte Gruppe Vitamin-B_6-haltiger Enzyme sind in den Racemasen zu erblicken; sie ermöglichen den Umbau der nur schwer oxydierbaren l-Aminosäuren, welche ihrerseits dann durch die in allen Zellen reichlich vorhandene d-Aminosäureoxydase — einen gelben Ferment — schnell abgebaut werden können (Stepp-Kühnau-Schroeder 1952 [13]).

Wir haben also vier Vitamin-B_6-haltige Fermentsysteme kennengelernt, welche je nach den Umständen:

1. Aminosäuren decarboxylieren,
2. Transaminierungsvorgänge verursachen,
3. Racemisierungen bewirken und
4. organisch gebundenen Schwefel übertragen.

Auch für diese Vorgänge gilt, da es sich ja um Reaktionsgleichgewichte handelt, die Tatsache, daß den genannten Fermenten stets auch die inversen Funktionen zukommen.

B_6-Vitamin ist auch für die Synthese des Porphyrins ein unentbehrlicher Reaktionsvermittler (Cartwrigth und Mitarb. 1944, 1947, 1948); auf Grund von Isotopenversuchen konnte der Nachweis erbracht werden, daß das fast allen Häminproteinen gemeinsame Protoporphyrin IX aus je 8

Molekülen Glycin und Glutaminsäure (bzw. α-Keto-Glutarsäure) sich aufbauen, also Molekülbruchstücke, deren Bildung durch die B$_6$-Vitamine geregelt werden. In Übereinstimmung mit dieser Aussage steht die Tatsache, daß
bei notorischem Vitamin-B$_6$-Mangel auch die Synthese von Hämoglobin und
anderen Zellhäminen inhibiert ist und das für die Synthese bereitgestellte
Eisen sich in freier Form im Plasma der Leber und der Milz anreichert
(Hämosiderose).

f) Der Tagesbedarf des gesunden Menschen wird mit 2—4 mg B$_6$-Vitamin
angegeben; er ist deutlich erhöht bei vermehrtem Eiweißangebot, sowie in
der Schwangerschaft.

g) Wenn man sich die chemische Struktur des B$_6$-Vitaminmoleküls vor
Augen hält, dann leuchtet es ein, daß der Austausch der Gruppen an den
Stellen 4 oder 5 des Moleküls von entscheidender Bedeutung sein muß; solche
Austauschvorgänge beziehen sich auf alle drei Formen des B$_6$-Vitamins:
dem Pyridoxin (x $=$ CH$_2$OH), dem Pyridoxal (x $=$ COH) sowie dem Pyri-
doxamin (x $=$ CH$_2$NH$_2$) (XXVIII).

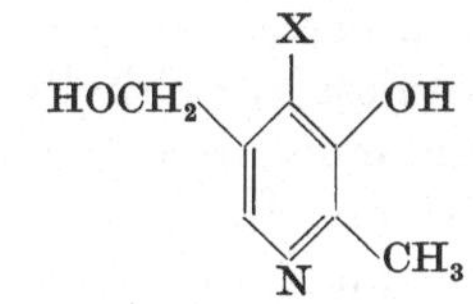

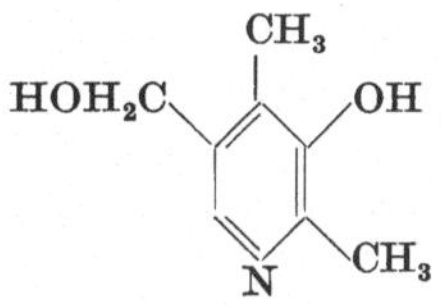

h) Für die Struktur eines wirksamen Antagonisten des B$_6$-Vitamins
scheint besonders der Austausch des Substituenten an der Stelle 4 aller drei
Molekülformen entscheidend zu sein, wenn etwa 4-Desoxypyridoxin (XXIX)
als Phosphorsäureester (XXX) mit der Bindung an das Apoferment mit
Pyridoxalphosphat in Konkurrenz treten soll.

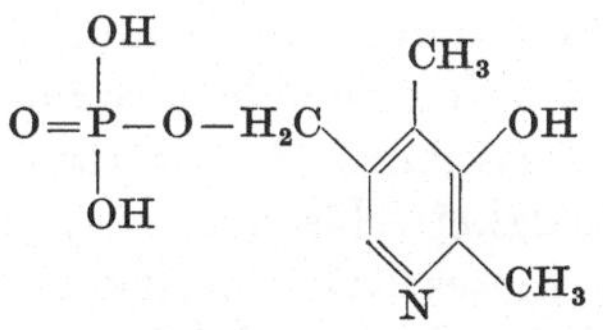

Desoxypyridoxinphosphat wird, wenn es mengenmäßig das Pyridoxalphosphat übertrifft, in das Enzym Tyrosin-Decarboxylase eingebaut und
hindert so das Pyridoxinphosphat (Umbreit 1955 [1]); es ist ein falscher Simplex
entstanden, wie wir solche bei der Besprechung anderer Vitamine des
B-Komplexes kennengelernt haben. Eine weitere, höchst interessante Behinderung des B$_6$-Vitamins konnte erzielt werden durch 2-Äthyl-3-amino-
4-äthoxymethyl-5-aminomethylpyridin (XXXI), und zwar im Sinne einer
Inhibierung der Bildung von Pyridoxalphosphat aus Pyridoxal und ATP
(Umbreit l. c.); besonders wirksame Antagonisten der B$_6$-Vitaminformen

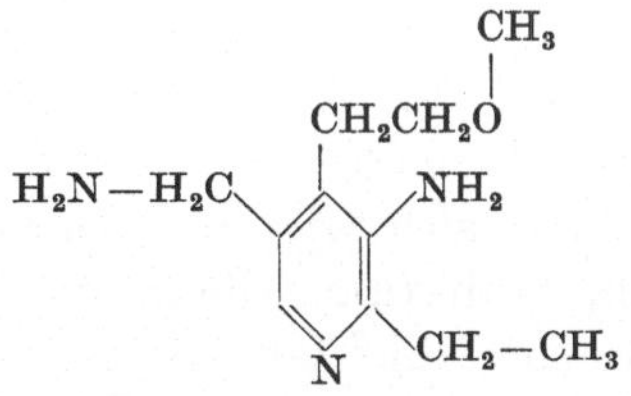

wurden im Isonicotinsäurehydrazid (XXXII), dem bekannten Tuberkulo-
statikum gefunden (Umbreit l. c.); indes meint Umbreit (1955 [2]), daß das antagonistische Prinzip nicht in einer Behinderung der Aminosäuredecarboxy-

XXXII   XXXIII

lierung gipfelt. Vielmehr ist vielleicht im Sinne von Greenberg (1957) die
Wechselwirkung zwischen Pyridoxalphosphat und Isonicotinsäurehydrazid
in der Bildung von Pyridoxalhydrazid (XXXIII) zu sehen, als Folge einer
Austauschreaktion mit Isonicotinsäurehydrazid.

Der Antivitamincharakter des Isonicotinsäurehydrazides wird als wesentliche Ursache für seine tuberkulostatische Wirkung angesehen, wenngleich
uns scheinen will, daß die obwaltenden Verhältnisse verwickelter sind, denn
Isonicotinsäurehydrazid wirkt auch schwach antagonistisch gegenüber Nicotinsäureamid. Ein weiterer starker Antagonist der Vitamin-B_6-Gruppe ist
im Toxopyrimidinmolekül, dem Pyrimidin-
teil des B_1-Vitamins, zu sehen; dies gilt
namentlich für die phosphorylierte Form
(XXXIV).

i) Abkömmlinge der Vitamin-B_6-Formen,
welche allenfalls auch eine praktische thera-
peutische Bedeutung hätten, sind bis jetzt
noch nicht bekanntgeworden.

j) Durch Verabfolgung des B_6-Antago-
nisten Desoxypyridoxin an Freiwillige ge-

XXXIV

lang es Vilber (1953), die Krankheitserscheinungen der Vitamin-B_6-Avita-
minose beim Menschen zu beschreiben; das sich bildende psychosomatische
Syndrom setzt sich wie folgt zusammen: Verringerte Ansprechbarkeit, De-
pressionen, Lethargie, Übelkeit, Appetitlosigkeit, Dermatosen, neuritische
Symptome usw. Auf Grund der Behebung dieses Krankheitskomplexes mit
B_6-Vitamin wird von Vilber (l. c.) der tägliche Vitamin-B_6-Bedarf mit 2 bis
3 mg angegeben.

Die Therapie mit B_6-Vitamin hat daher sinngemäß bei erkanntem Vita-
mindefizit einzusetzen, als auch bei Krankheitsbildern, die sich auf einen
B_6-Mangel zurückführen lassen. Dazu gehören, um nur einige zu nennen,
Depressionszustände — soweit es sich nicht um Paranoia handelt —,
Krämpfe, hypochrome Anämien, postinfektiöse und Graviditätsanämien
(Stepantschitz und Schreiner 1953), so daß gefolgert werden kann, daß
beide Anämieformen echten B_6-Mangelzuständen entspringen.

In neuerer Zeit ist B_6-Vitamin wichtig geworden, um ernste Nebenwirkungen bei der Isonicotinsäurehydrazidtherapie zu kompensieren, da — wie

schon vorhin erwähnt — zwischen den beiden Stoffen ein wechselweiser Antagonismus besteht, wodurch das Entstehen der Isonicotinsäurehydrazidneuritis hintangehalten wird (BIEHL-VILTER 1954; ZBINDEN-STUDER 1955; BÜNGER-LASS 1956). Indes scheint neuerdings der Antagonist Desoxypyridoxin (XXIX) in der Therapie des Krebses eine gewisse Rolle zu spielen, denn Pyridoxindefizite, sei es, daß sie durch diätetische Maßnahmen oder durch Verabreichung von Desoxypyridoxin hervorgerufen werden, bewirken eine Verlangsamung des Krebswachstums. UMBREIT (l. c.) glaubt daher, daß Desoxypyridoxin bei der Entfaltung seiner cancerostatischen Wirkung mehr ist als bloß ein Vitamin-B_6-Antagonist.

Der Vitamin-B_6-Gehalt aller experimentellen Tumoren ist gegenüber der Norm des betreffenden Gewebes stark erhöht (RITCHEY, WICKS, TATANE 1957); STOERK und Mitarb. beobachteten, daß Defizite an B_6-Vitamin, welche durch Desoxypyridoxin provoziert sind, sich vom „chronischen Defizit" im Hinblick auf die physiologischen Konsequenzen stark unterscheiden. Aus diesen Befunden wird abgeleitet, daß Desoxypyridoxin nicht nur als Antagonist des Pyridoxins anzusprechen ist, wie schon oben angedeutet, sondern daß dieses Molekül darüber hinaus spezifische Störungen des normalen Stoffwechselablaufes bewirkt.

k), l), m). Klare Beziehungen bestehen zu anderen Vitaminen des B-Komplexes; so ist Vitamin B_6 für die Hämoglobinsynthese unentbehrlich, da es den Aufbau des Protoporphyrins IX fördert und daher zu Pteroylglutaminsäure sowie dem B_{12}-Vitamin in engster biologischer Beziehung steht. Darüber hinaus bestehen Wechselwirkungen zu Hormonen, so z. B. zu Serotonin (XXXV), das unter der Mitwirkung von 5-Hydroxytryptophandecarboxylase aus 5-Hydroxytryptophan gebildet wird (WEISSBACH-BOGDANSKI, REDLIELDA, UDENFREND 1957). Da diese Decarboxylase durch Carbonyl-Reagenzien gehemmt wird, wird angenommen, daß das Coferment im Pyridoxalphosphat zu suchen sei, was experimentell bestätigt werden konnte. Niedriger Serotoninspiegel geht mit niedrigem Vitamin-B_6-Spiegel einher.

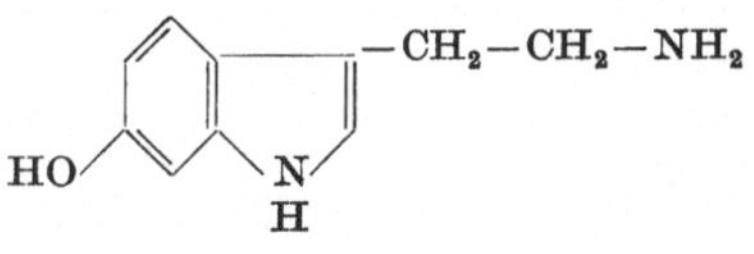

Über die bei den Transaminierungsprozessen entstehenden Ketosäuren scheint Vitamin B_6 auch eine Brücke zum Kohlenhydratstoffwechsel zu schlagen, denn bei pankreasdiabetischen Hunden besteht trotz reichlicher Insulingaben bei Fehlen von B_6- und B_5-Vitamin starke Glucosurie, die durch die Zufuhr dieser beiden Vitamine beseitigt werden kann, womit sich eine mittelbare Wechselwirkung des Pyridoxins mit dem Insulin ergibt (GEABLER und MATHIS 1946).

8. Nicotinsäure, Nicotinsäureamid, PP-Faktor, Pellagraschutzstoff

a) Nicotinsäure führt ihren Namen bekanntlich deshalb, weil sie durch Oxydation der Base Nicotin mittels Chromsäure erhalten werden kann; Nicotinsäureamid, das erstmals von ENGLER (1894) synthetisiert wurde, fungiert als Bestandteil wasserstoffübertragender Fermente, eine Beobachtung, die auf von Euler und Mitarb. zurückgeht (von Euler, Albers, Schlenk 1935, 1936) und von den Autoren als Coenzym I bezeichnet wurde; Warburg und Christian (1936) erkannten Nicotinsäureamid auch als Bestandteil des Coenzym II. Elvejem, Nadden, Strong und Woolley (1937, 1938) gelang die Isolierung des Cofermentes des Pellagraschutzstoffes in Form der Nicotinsäure bzw. ihrem Amid, einer verhältnismäßig einfach gebauten Verbindung; die Pyridin-3-carbonsäure hat somit als Cofermentteil außerordentlich wichtige Aufgaben im Stoffwechsel. Zufolge der Schutzwirkung von Nicotinsäureamid gegen Pellagra nannten Goldberger und Mitarb. die Verbindung „Pellagra Preventiv Factor" (Goldberger, Tamer 1925; Goldberger, Wheeler, Sydenstricker 1948) eine Bezeichnung, die auch heute noch in der Abkürzung „PP Factor" geblieben ist.

Nicotinsäureamid ist im Tier- und Pflanzenreich weitverbreitet, zum Teil in freier Form, zum Teil in gebundener, in Gestalt der Enzyme. Über das Vorkommen in pflanzlichen und tierischen Nahrungsmitteln unterrichtet die

Tab. 9[1]. mg Nicotinsäureamid in 100 g Nahrungsmitteln

Leber	12—18	Weizenmehl 75%	0,8—1,0
Niere	7	Weizenvollkornbrot	4
Kalb-, Schweine-, Rindfleisch	5—17	Roggenbrot, dunkel	2
Fisch	2—10	Kartoffel	1
Preßhefe	40—50	Spinat	1,3
Pilze	65	Tomaten	1
Röstkaffee	2—10	Kuhmilch	0,1—0,4
Fermentierter Tabak	200—400	Reis, poliert	1,2

[1] Aus: Vitamine Merck, S. 125 (1957).

Für das seit Jahrhunderten gehäufte Auftreten der Pellagra in Gegenden mit überwiegender Maisnahrung konnten Krehl und Mitarb. (1946) die Ursache aufdecken: im Maiseiweiß fehlt die Aminosäure Trytophan, welche im Organismus in Nicotinsäure umgewandelt wird (Stepp-Kühnau-Schroeder 1952[14]), weshalb Tryptophan als Provitamin des Nicotinsäureamides angesprochen werden kann.

Somit bestehen ermittelbare Beziehungen zwischen der Nicotinsäure und dem Eiweißhaushalt (vgl. dazu Stepp-Kühnau-Schroeder 1952[15]).

b) Die Konstitution der Nicotinsäure wurde einerseits durch Huber (1867, 1870) und andererseits durch Weidel (1873) aufgeklärt; überdies stammt von Weidel eine Synthese der Nicotinsäure, die von 3-Methylpiridin ausgeht. Die Stellung der Carboxylgruppe zum Pyridinstickstoff wurde durch Arbeiten von Skraup (1880) erwiesen. Demnach stellt also Nicotinsäure die Pyridin-3-carbonsäure vor (XXXVI).

c) Eine bequeme und ergiebige Synthese der Nicotinsäure besteht auch heute noch in der Oxydation der Nicotinbase; die Oxydation kann entweder mit Kaliumpermanganat (Leiblin 1877, 1879) oder mit Chromsäure vorgenommen werden (Hoogewerff und van Dorp 1882) sowie neuerdings durch katalytische Oxydation in der Gasphase mit Luftsauerstoff in Gegenwart von Vanadinpentoxydkontakten vorgenommen werden (WOODWARD, BADGETT und KAUFMANN 1944). Auch 3-Methylpyridin (β-Picolin) steht als Ausgangsmaterial zur Verfügung.

XXXVI   XXXVII

Die Nicotinsäure ist in Wasser gut löslich, die farblosen Kriställchen schmelzen bei 235,5—236,5°; sie bildet sowohl mit starken Säuren als auch mit Basen Salze; eine 1%ige Lösung besitzt ein pH von etwa 3. Nicotinsäureamid kristallisiert aus Benzol in weißen Nadeln, die bei 129—131° C schmelzen; in Wasser ist die Verbindung leicht löslich. Auch Nicotinsäureamid bildet mit Säuren Salze, nicht mit Laugen. Es kann dargestellt werden durch Einwirkung von Ammoniak auf Nicotinsäureester (AP. Nr. 2,518.922) oder auch durch Wasserabspaltung aus nicotinsaurem Ammonium mittels Phosphorpentoxyd (XXXVII).

d) Es ist schon angedeutet worden, daß Nicotinsäureamid in Form Wasserstoff-übertragender Fermente als Di- und Triphosphopyridinnucleotide wichtige Aufgaben im Stoffwechselgeschehen haben, und zwar entspricht Codehydrogenase I = Coenzym I = Diphosphopyridinnucleotid = DPN,

XXXVIII

welche Verbindung aus einem Mol Nicotinsäureamid, ein Mol Adenin, zwei Molen Ribose sowie zwei Molen Phosphorsäure besteht. Codehydrogenase II unterscheidet sich von Codehydrogenase I (Diphosphopyridindinucleotid) durch einen Mehrgehalt an einem Molekül Phosphorsäure und wird daher auch als Triphosphopyridinnucleotid bezeichnet. Die chemische Konstitution der beiden Verbindungen kann den Formeln XXXVIII und XXXIX entnommen werden. Die endgültige Strukturaufklärung dieser beiden wichtigen Fermentmoleküle ist den Untersuchungen von Warburg und Christian (1934, 1935, 1936) sowie von Euler und Schlenk (1936, 1937) zu danken.

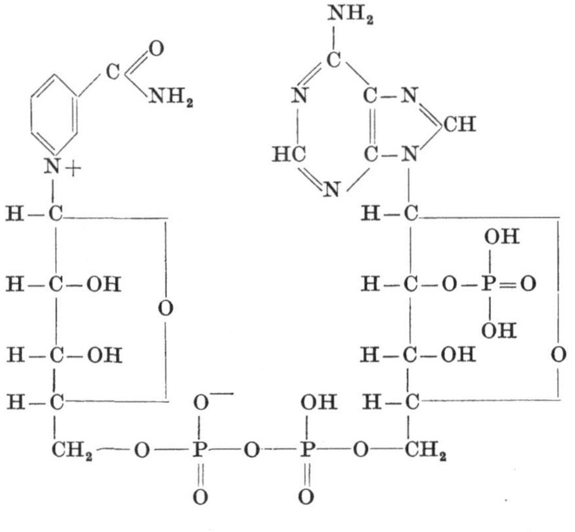

XXXIX

e) Die Aufgaben der Phosphopyridinnucleotide im Organismus bestehen nun darin, in Verbindung mit Eiweißträgermolekülen, welche ihrerseits Apodehydrogenasen genannt werden, über dem Wege der Substratdehydrierung diesen Wasserstoff aufzunehmen, und zwar an dem C-Atom-4 des Nicotinsäureamidmolekülteiles und dem anionischen Phosphorsäuresauerstoff gemäß den Formeln XXXVIII und XXXIX (vgl. dazu Myrbäck). Die auf diese Weise reduzierten Phosphopyridinnucleotide übergeben den aufgenommenen Wasserstoff an die Flavinenzyme, welche ja neben dem Riboflavinmolekülteil auch einen Adeninnucleotidteil enthalten (vgl. 2. Kap. S. 12). Die reduzierten Flavinenzyme werden durch die Häminproteide — die Cytochrome — dehydriert. Der durch die Häminproteine übernommene Wasserstoff reagiert unmittelbar mit dem Sauerstoff des Oxyhämoglobins (Vogel-Knobloch 1957). Die geschilderten Vorgänge lassen sich durch das Schema wiedergeben:

Substrat/H₂ → Dihydropyridinnucleotid → Dihydroflavinenzym → Hydrocytochrome → Oxyhämoglobin

Die Interpretation solcher, durch Phosphopyridinnucleotide geförderten Substrathydrierungen ist durch die bekannte „Dehydrierungstheorie" H. Wielands (1922) im besonderen ermöglicht worden.

Diphosphopyridinnucleotid und Triphosphopyridinnucleotid können mit unterschiedlichen Eiweißmolekülen Simplexe bilden, wobei die chemische Natur des Apoenzyms die Substratspezifität bewirkt (Vogel-Knobloch l. c.). Nach Parnas (1943) werden die Phosphopyridinnucleotide zu den „beweglichen Coenzymen" gezählt, weil sie im Gegensatz zu den festgebundenen Coenzymen im Zellstoffwechsel von einem Trägerprotein zu einem anderen Trägerprotein wechseln können, was von außerordentlicher Wichtigkeit für die Ökonomie der Fermentleistungen ist. Indes ist über chemische Struktur und physikalische Eigenschaften der Trägereiweißmoleküle nur wenig bekannt. Die vielseitigen Verflechtungen der Phosphopyridinnucleotide (DPN und TPN) werden durch die Tabelle 10 aufgezeigt:

Tabelle 10 [1].

C o d e h y d r a s e I (D P N) Glukose — Glukonsäure
— Glycerinphosphorsäure — Glycerinaldehydphosphorsäure
Glycerinaldehydphosphorsäure + H_3PO_4 (oder Glycerinalde-
hyd-1, 3-diphosphorsäure — 1, 3-phosphorglycerinsäure
Äthylalkohol — Acetaldehyd
Äpfelsäure — Oxalessigsäure
Milchsäure — Brenztraubensäure
β-Oxybuttersäure — Acetessigsäure
Glutaminsäure — Iminoglutarsäure
Ameisensäure — Kohlensäure
Betainaldehyd — Betain
Luciferin — Oxyluciferin
Nitrit — Nitrat
Brenztraubensäure — Essigsäure + CO_2
Östradiol — Östron
Testosteron — Androstendion
Androsteron — Androstendion (17-Ketosteroide)
Vitamin-A — Retinen

C o d e h y d r a s e II (T P N) Glukose — Glukonsäure
Glukose-6-phosphorsäure — 6-Phosphoglukonsäure
6-Phosphoglukonsäure — 6-Phospho-3-ketoglukonsäure
Isocitronensäure — Oxalbernsteinsäure
Äpfelsäure — Brenztraubensäure + CO_2
Glutaminsäure — Iminoglutarsäure
Oxydative CO_2-Fixierung
Luciferin — Oxyluciferin
Nitrit — Nitrat
Fettsäuren — Dehydrofettsäuren

---

[1] Aus STEPP-KÜHNAU-SCHROEDER: Die Vitamine und ihre klinische Anwendung, 1952, S. 303.

Alle diese Stoffwechselprozesse, die durch DPN und TPN katalysiert werden, nehmen eine Schlüsselstellung bei der Wasserstoffübertragung ein; sie erstrecken sich vom Abbau der Kohlenhydrate über jenen der Fette und Aminosäuren bis zum Umsatz der Vitamine und Hormone als auch auf den Mineralstoffwechsel.

Bezüglich der Ausscheidung des Nicotinsäureamides aus dem menschlichen Organismus ist zu sagen, daß diese in der Hauptsache über Trigonellinamid und weiterer Umformung dieses zu Trigonellinamid-6-pyridon erfolgt (Ellinger, Abdelkader 1947, 1949) (XL, XLI).

Ausgeschiedenes Trigonellin, das sich im Harn vorfindet, ist kein normales Stoffwechselprodukt der Nicotinsäure, sondern stammt von mit der Nahrung aufgenommenem Trigonellin.

Wie sich gezeigt hat, kann durch Verabreichung von Nicotinsäureamid beim Diabetiker eine Einsparung an Insulin erzielt werden (Neuwahl 1947; Alesker 1949). Nicotinsäure oder ihr Amid schützen Ratten und Kaninchen vor der diabetogenen Wirkung von Alloxan (Banerjee 1947: Lazarow 1950) anscheinend durch Bildung von Dihydro-diphosphopyridinnucleotid. welches Alloxan zu ungiftiger Dialursäure zu reduzieren vermag (Stepp-Kühnau-Schroeder 1952 [17]). Dialursäure stellt das Ureid der Tartronsäure (Oxymalonsäure) dar.

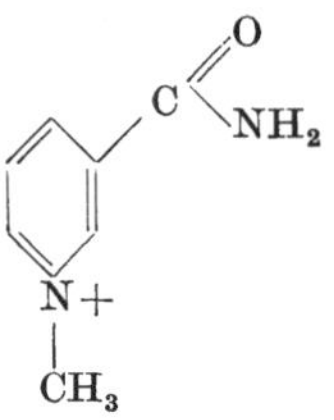

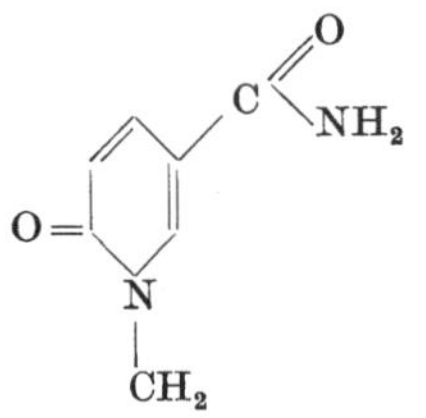

Aus der hohen Codehydrasekonzentration der Belegzellen der Magenschleimhaut sowie der Aufhebung der Salzsäureproduktion des Magens durch den Codehydrase-Antagonisten Tetramethyl-p-phenylendiamin und der Häufigkeit der Subazidität bei Nicotinsäuremangel wird geschlossen, daß die Salzsäurebildung im Magen durch Codehydrase bewirkt wird (Stepp-Kühnau-Schroeder l. c. 1952 [17]).

So wie der Vitamine B_1, B_2, B_5 und B_6 bedürfen alle Insekten auch des Nicotinsäureamides zur Bestreitung der normalen Lebensfunktionen (Hinton 1956). Auch für das Zustandekommen des Dämmerungssehens ist die Mitwirkung der Codehydrasen ausschlaggebend [vgl. dazu unter k) dieses Kapitels].

f) Der Tagesbedarf des gesunden Erwachsenen wird mit 10—25 mg Nicotinsäureamid angegeben; während der Schwangerschaft und Stillzeit sowie bei schwerer körperlicher Arbeit ist der Bedarf deutlich erhöht.

Eine eigentümliche Wirkung übt Nicotinsäureamid auf Schwärmsporen wasserbewohnender Pilze aus, wie Fischer und Werner (1958) gefunden haben. Danach lähmt Nicotinsäureamid noch in 10^{-7} molarer Lösung den Geißelschlag der Schwärmsporen von Saprolegniaceen augenblicklich; die gleiche Wirkung übt auch Codehydrogenase-I (DPN) aus, allerdings in einer ungefähr zwei Zehnerpotenzen höheren Konzentration.

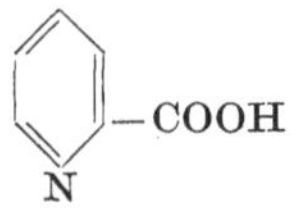

g), h) Bezüglich der Konstitutionsspezifität hat sich ergeben, daß eine Verschiebung der Carboxylgruppe an die Stellen 2 oder 4 des Nicotinsäuremoleküls eine biologische Inaktivierung bewirkt (XLII und XLIII) (Woolley, Strong, Madden 1938); durch vollständige Hydrierung des Moleküls zu Hexahydronicotinsäure (XLIV) ergab sich im Hundeversuch die biologische Unwirksamkeit dieser Verbindung (Woolley, Strong, Madden 1938) Substitutionen im Pyridinring, wie z. B. bei 6-Methylnicotinsäure ergibt ein biologisch inaktives Molekül (XLV). (WOOLLEY l. c.). 5-Fluornicotinsäure (XLVI) stellt einen starken Antagonisten der Nicotinsäure vor (HAWKINS und ROE 1949); HUGHES (1952) hingegen fand, daß die 5-Fluornicotinsäure die Synthese der Phosphopyridinnucleotide hemmt.

XLIV   XLV   XLVI

3-Cyanopyridin (XLVII), das Nicotinsäurenitril, zeigt bei Hunden und Ratten keine Vitaminwirksamkeit (WOOLLEY et al. l. c.; ELLINGER, FRAENKEL und ABDELKADER 1947; BONNER, JANOFSKY NUTRIN 1950; MEHLER, KORNBERG, GRISOLIA und DEHOE 1948). In den Aminowasserstoffatomen des Nicotinsäureamides durch Alkyle und Aryle substituierten Verbindungen haben sich mit Ausnahme des N, N-Diphenyl- und N, N-Dibenzylderivates, als biologisch aktiv erwiesen (WOOLLEY l. c.). Das 3-Acetylpyridin (XLVIII), wirkt z. B. auf Hunde mit latentem Nicotinsäuremangel stark toxisch, während es bei normalen Tieren ohne Einfluß bleibt (WOOLLEY und Mitarb. l. c.). Es zeigte sich aber, daß die Ausscheidung von N'-Methylnicotinsäureamid bei Hunden nach Verabreichung von 3-Acetylpyridin stark erhöht ist (GAEBLER und BEHER 1951), ebenso konnte die hohe Toxizität für Nicotinsäuremangeltiere neuerlich erwiesen werden.

3-Acetylpyridin kann in vivo als falsches Di- oder Triphosphopyridinnucleotid in Erscheinung treten (HAYMAN, SHAHINIAN, WILLIAMS jr. und ELVEHJEM 1955); hierbei ist die enzymatische Aktivität des 3-Acetyl-DPN- bzw. TPN wesentlich geringer als die Nicotinsäureverbindung.

Als starker Antagonist der Nicotinsäure hat sich Isonicotinsäurehydrazid (XXXII) erwiesen, da es ein starker Hemmstoff bestimmter Diphosphopyridinnucleotasen ist und an Stelle der Nicotinsäure in das Diphosphopyridinnucleotid eingebaut werden kann (ZATMAN, KAPLAN, COLOWICK und CIOTTI 1954, 1955). Derartige Nucleotide sind weder chemisch noch enzymatisch reduzierbar (GOLDMAN 1954).

XLVII   XLVIII   XLIX

i) Nicotinsäurederivate, insbesondere substituierte Amide und Carbonsäureester, sind für die Therapie bedeutungsvoll geworden. Am längsten bekannt ist wohl das Analeptikum C o r a m i n, das Nicotinsäurediäthylamid (XLIX); es besitzt daneben noch Nicotinsäureaktivität. Weitere substituierte Säureamide betreffen N-Antipyrinylnicotinsäureamid (L), das als ungiftiges Antirheumatikum in jüngster Zeit in die Therapie Eingang gefunden hat. Ferner stellt p-Nicotinoylamino-benzoesäure-(β-diäthyl-amino)-

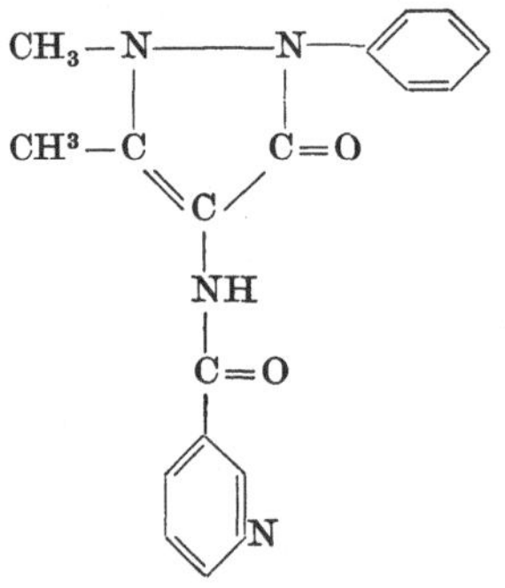

$$CH_3-N\underline{\qquad}N-C_6H_5$$

L

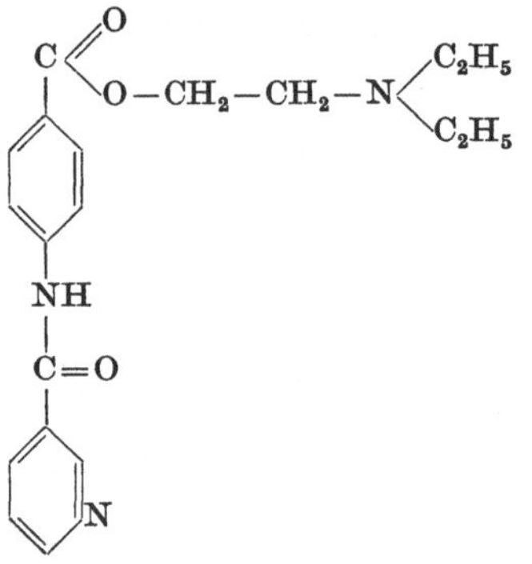

LI

äthylester (LI) ein neues Lokalanästhetikum vor, das ohne gefäßverengende Mittel Anwendung finden kann (Pongratz und Zirm 1958).

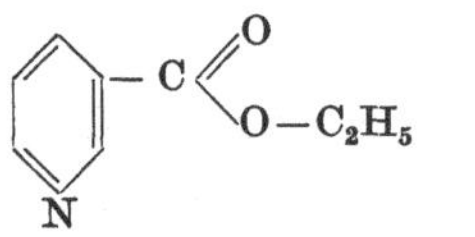

LII

Von den Nicotinsäurestern, wie Äthyl, Benzyl, Furfuryl und anderen ist bekannt, daß sie, örtlich angewendet, stark hyperämisierend wirken (LII) In einem Molekül vereinigt sind zwei verschiedene Vitaminmoleküle im Mesoinositnicotinsäurehexaester (LIII) (Badgett und Woodward 1947), der sich durch gefäßerweiternde Wirkung in der Peripherie auszeichnet (Donatelli und Mitarb. 1951). Der Grundgedanke, das Vitaminmolekül Nicotinsäure mit pharmakologisch wirksamen anderen Molekülen über Esterbindungen zu verknüpfen, um dadurch Abwandlungen in der pharmakologischen Wirkung zu erzielen, hat sich besonders im Falle des Morphin-bis-nicotinsäureesters als fruchtbar und erfolgreich erwiesen (LIV) (Pongratz und Zirm 1957, Zirm und Pongratz 1959, 1960). Eingehende pharmakologische und klinische Prüfungen haben ergeben, daß der Morphin-bis-nicotinsäureester (LIV), zum Unterschied vom Morphin, dessen unerwünschte Nebenwirkungen nicht mehr besitzt (Nausea, Benommenheit, Euphorie, Beeinträchtigung des Atemzentrums, Gewöhnung, Beeinträchtigung der Peristaltik, Suchtgefahr. Zirm und Pongratz 1959, 1960).

Zinner und Fiedler (1958) haben eine Reihe von substituierten Phenolestern der Nicotinsäure hergestellt, namentlich gilt dies für die Verbindungen mit Chlorophenolen, Kresolen, Nitrophenolen usw., welche neben der hyperämisierenden Wirkung auch deutlich antimykotisch sich verhalten.

j) Die Anwendung der Nicotinsäure oder ihres Amides ist naturgemäß beim Pellagrasyndrom indiziert; im Hinblick auf die stoffwechselmäßige Verflechtung mit anderen Vitaminen des B-Komplexes, wie z. B. Riboflavin, Pantothensäure und Pyridoxin, ist es zweckmäßig, den ganzen B-Komplex gemeinsam zu verabreichen. Bei über längere Zeit verabreichten größeren Dosen an Nicotinsäure (100 mg und mehr), hat es sich daher als zweckmäßig erwiesen, gleichzeitig Zulagen an Cholin oder Methionin zu geben, um eine Erschöpfung der Methylierungsprozesse zu vermeiden (Handler 1944; Foa Foa, Field 1945; Ellinger, Hardwick 1947). Alle Pellagrasymptome schwinden nach Nicotinsäure-Verabreichung rasch.

k) Die Beziehungen des Nicotinsäureamides zu anderen Vitaminen sind offenkundig einmal bei der Übertragung des Wasserstoffes von den Codehydrasen über die Flavinproteide zu den Cytochromen (vgl. Seite 46). Die

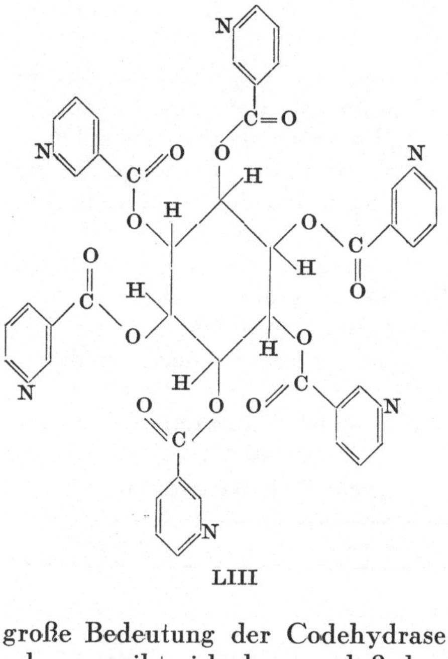

LIII 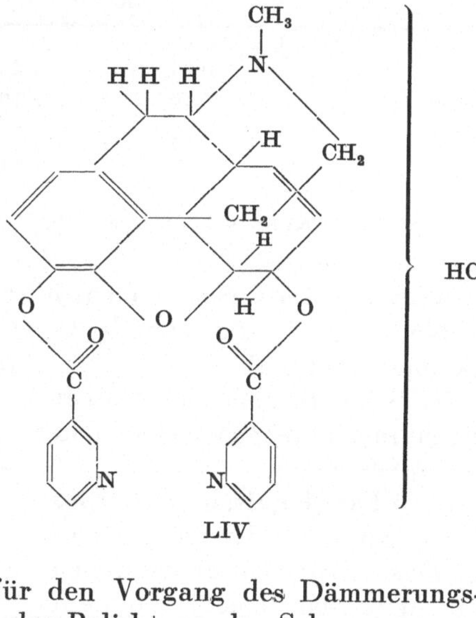   LIV

große Bedeutung der Codehydrase I für den Vorgang des Dämmerungssehens ergibt sich daraus, daß das bei der Belichtung des Sehpurpurs gebildete Retinen (Vitamin-A-Aldehyd) in den äußeren Stäbchensegmenten der Netzhaut durch das Ferment Retinenreduktase, deren Coferment die Dihydrocodehydrase ist, das Retinen zu Vitamin A reduziert, das zur neuerlichen Synthese des Sehpurpurs dient:

Retinen $+$ DPN $\cdot$ H$_2 \rightarrow$ Vitamin A $+$ DPN (Wald 1949; Wald, Hubbard 1949).

Die synergistisch wirksamen B-Vitamine bedingen, daß übermäßige Zufuhr eines Vitamins infolge der begrenzten Rezeptorsysteme in der Zelle zu einer Verdrängung der anderen Vitamine führen kann, etwa so, daß Überdosierung von z. B. Nicotinsäureamid Thiaminmangelsymptome bewirkt (Valeri, Conese 1945).

9. Mesoinosit, Mesoinositol, Hexaoxycyclohexan, Cyclit

a) Die Einordnung des Mesoinosites in die Gruppe der B-Vitamine erfolgt, weil spezifische Mangelsymptome bei Nagern durch ihn geheilt werden; bis zu einem gewissen Grade dieser Einordnung entgegenstehend erscheint die Tatsache, daß er ein allgemein weitverbreitetes Prinzip vorstellt, hinzu kommt, daß er in relativ sehr hohen Konzentrationen in fast allen Geweben vorkommt.

Scherer entdeckte die Verbindung im Jahre 1850 in der Muskulatur, Cloetta im Harn, in Bohnen und Erbsen wurde er von Vohl gefunden. Die von Pfeffer 1872 entdeckte Phosphorverbindung des Mesoinosits, welche in Getreidearten weitverbreitet ist, konnte Winterstein 1897 als das Calcium-Magnesium-Salz der Inosithexaphosphorsäure identifizieren. Diese Verbindung wird auch als Phytin bezeichnet. Die Inositgehalte ändern sich bei der Keimung des Getreidekorns im Sinne einer Erhöhung, wie Tabelle 11 lehrt.

Tab. 11 [1]. *Veränderungen des Inositgehaltes bei der Keimung von Getreidekörnern.*
(Nach Burkholder.)

Getreideart	Inositgehalt in mg%	
	Ruhendes	Gekeimtes
	Korn	
Hafer	0,63	1,29
Weizen	1,46	2,10
Gerste	1,24	1,37
Mais	0,80	1,64

[1] Aus Stepp-Kühnau-Schroeder, 1957, S. 547

Auch der Inositgehalt menschlicher Organe ist relativ hoch an dieser Verbindung, wie die Tabelle 12 erkennen läßt.

Im Samenplasma der Säuger kommt Inosit bis 3⁰/₀ vom Gewicht vor (Mann 1951).

b), c) Die chemische Natur des Mesoinosites als Hexaoxycyclohexan ist seit den Untersuchungen von Maquenne (1887) bekannt (Stepp-Kühnau-Schroeder 1957 [1]) und die sterische Konfiguration wurde etwa gleichzeitig von Dangschat und Posternak ermittelt (1942) (LV). Die endgültige Synthese gelang Kuhn und Mitarb. (1949). Der Mesoinosit kristallisiert aus Wasser oder verdünnter Essigsäure, und zwar oberhalb 50⁰ wasserfrei vom Fp. 225—226⁰ und unterhalb 50⁰ mit zwei Molekülen Kristallwasser vom Fp. 215—216⁰; in Wasser ist die Verbindung zu etwa 15% löslich.

Tab. 12. *Inositgehalt menschlicher Organe in mg/%.*
(Nach R. J. Williams [1].)

Organ	Inositgehalt
Gehirn	1,50
Leber	0,66
Niere	1,24
Muskel, Lunge, Herz .	0, 20—0, 50
Nebenniere	0,70
Hoden	1,60
Milz	1,03

[1] Stepp-Kühnau-Schroeder, 1957, S. 547.

d) Über die biologische Wirkform des Inosites ist zur Zeit Genaues nicht bekannt; es liegen jedoch Anhaltspunkte dafür vor, daß Inosit in den Kohlenhydratstoffwechsel eingreift, denn gereinigte Pankreasamylase weist einen ungewöhnlich hohen Inositgehalt auf, und zwar 410 mg% (Williams, Schlenk und Eppreight 1944), indes erscheint es möglich, daß Inosit oder ein inosithaltiges Lipoid als Coenzymteilstück des Amylasesystems fungiert. Es ist interessant, daß Streptomycin in gewissen Fällen als Antagonist des Inosits in Erscheinung tritt, wenn etwa inosithaltige Nährböden für Hefe angesetzt werden, in welchen Fällen zugesetztes Streptomycin das Hefewachstum hemmt; die Streptomycinempfindlichkeit solcher Hefen kann z. B. durch weiteren Zusatz von Mesoinosit oder durch Glucose-1-phosphat oder Fructose-1,6-diphosphat, nicht aber durch den einfachen Zucker aufgehoben werden (Loo, Carter, Kehm, Anderlik 1950).

Aus diesen Befunden ist abzuleiten, daß Inosit in die Phase der Zuckerphosphorylierung einzugreifen scheint. Neben der Inhibierung der Zuckerphosphatbildung wird durch Streptomycin auch der weitere Umsatz der Oxalessigsäure gehemmt (Umbreit, Smith und Oginsky 1951).

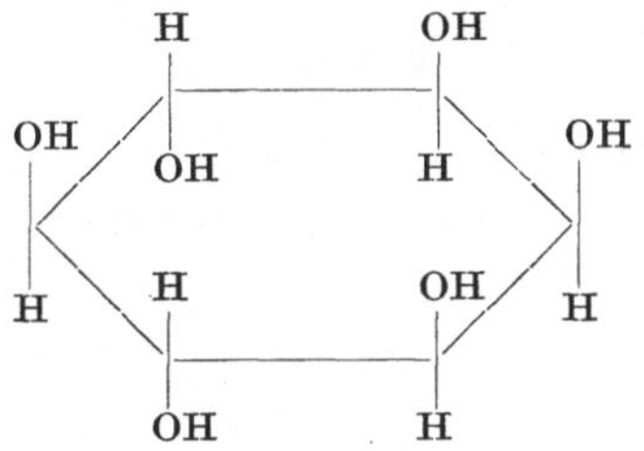

LV 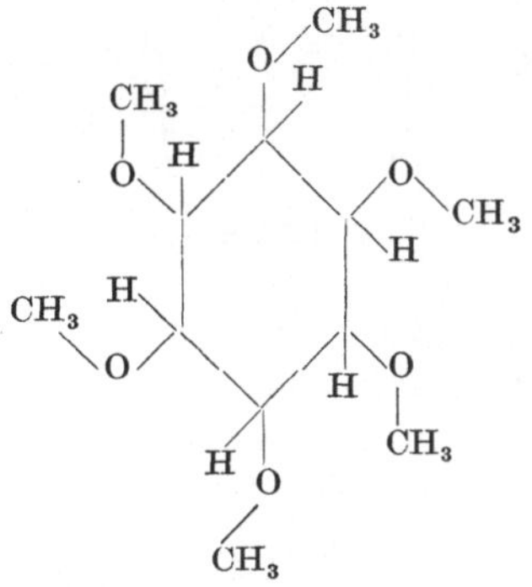   LV-α

e) Schon aus den unter d) erläuterten Tatsachen ergibt sich, daß Mesoinosit eine wichtige Funktion im Kohlehydratstoffwechsel ausübt. Daneben besitzt Inosit ausgesprochen lipotrope Eigenschaften, derart daß er vor einer Leberverfettung schützt, wie sie durch cholesterinreiche Diät entstehen kann (Gavin, Patterson und McHenry 1943). Der lipotrope Effekt des Mesinosits läßt sich auch beim Menschen nachweisen, denn sowohl diätetisch als auch toxisch begründete Leberverfettungen werden durch Inosit gebessert (so z. B. nach Tetrachlorkohlenstoffvergiftung; vgl. Hartmann, Schulze 1952).

f) Der Tagesbedarf für den Menschen ist kaum anzugeben, da eine Übersicht über jene Menge, die von der Synthese der Darmbakterien stammt, fehlt; überdies können hinreichende Mengen Inosit-wirksamer Phytinsäuren durch den Genuß von Roggenbrot dem menschlichen Organismus zugeführt werden, namentlich dann, wenn das Brot von einer sauren Teigführung stammt, da der Roggen hohe Phytasegehalte aufweist, welche bei einem pH von optimal 5 phytinspaltend wirken (Kent, Jones und Bacharach 1941; Lee und Underwood 1949); Williams (1942) glaubt, daß eine tägliche Zufuhr von 1 g Inosit hinreichend sein dürfte, da dies eine Menge sei, die sich in der amerikanischen Durchschnittsdiät vorfindet.

g) Nach Woolley sind alle Ester des Inosits sowohl beim Säuger als auch im Hefeversuch wirksam (1940, 1941[1], 1941[2], 1942[1]). Die Penta- und Hexamethyläther des Inosits verhalten sich im Mäuseversuch als Antagonisten und entfalten neurotoxische und leberschädigende Wirkungen (Buu Hoi, Philippot, Dallemagne und Gerebtzoff 1951) (LV a).

h) Besonders ausgeprägt erscheint der Antagonismus, wenn etwa alle

sechs Hydroxygruppen des Mesoinositmoleküls durch Chlor ersetzt sind;
allein die Toxizität der sechs bekannten stereomeren Hexachlorcyclohexane
variiert weitgehend, sowohl absolut als auch relativ in bezug auf verschiedene Lebewesen: die β-Form (LVI) scheint für die Säuger giftig, von

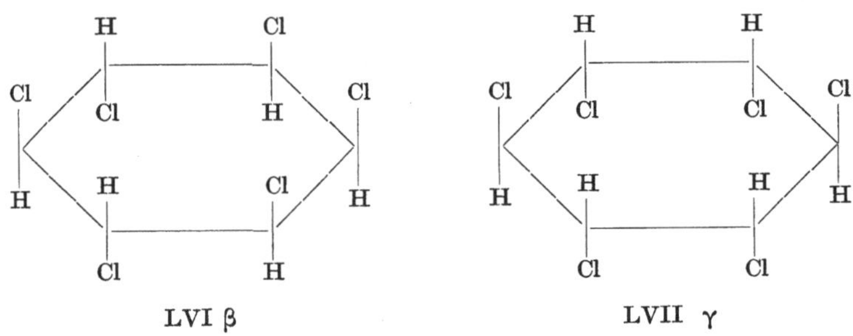

γ- und δ-Hexachlorcyclohexan (LVII) (LVIII) bewährt sich besonders die
γ-Form als Kontaktgift gegenüber Insekten, während die δ-Form für alle
Kategorien von Lebewessen giftig erscheint.

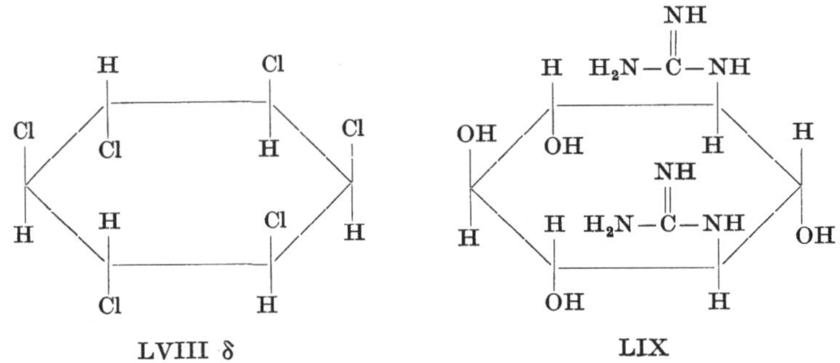

Beim Vergleich der drei Hexachlorcyclohexane erkennt man, daß in
der δ-Verbindung die räumliche Anordnung der Chloratome genau jener
der Hydroxygruppen im Mesoinosit entspricht, so daß die universelle Toxizität allen Lebewesen gegenüber plausibel erscheint.

Es wurde schon vorhin unter d) erwähnt, daß auch Streptomycin zu den
antagonistisch wirkenden Prinzipien des Mesoinosits zu zählen ist; diese
Tatsache läßt sich ebenfalls auf bestehende strukturelle Kongruenz des
Mesoinosits mit dem sich vom Streptidin (LIX) ableitenden Streptomycin
zurückzuführen (Posternack, l. c. 1942). Wir sehen auch hier, wie der Kreis
Biotikum : Antibiotikum sich schließt und wie eng die Grenzen
gezogen sind, um Infektionskrankheiten mittels Antibioticis zu bekämpfen.

i) Von Derivaten des Mesoinosits, die für die Therapie wichtig geworden
sind, wurde schon im 8. Kapitel unter i) der Mesoinositnicotinsäurehexaester erwähnt (vgl. LIII).

j) Die Therapie mit Mesoinosit steht erst in den Anfängen; gesichert
ist die klinische Anwendung des Mesoinosits, wobei seine lipotrope Wirkung zur Normalisierung erhöhter Cholesterin- und Phosphatidwerte im

Serum des Diabetikers ausgenutzt wird (FELCH, DOTTI 1949). Aber auch zur günstigen Beeinflussung von arteriosklerotischen Zuständen, bei Nephrose, Psoriasis und seborrhoischen Ekzemen, ferner in Kombination mit Vitamin E wird er beim infantilen Typ der progressiven Muskeldystrophie mit Erfolg verwendet (STEPP-KÜHNAU-SCHROEDER 1957 [2]).

k), l), m) Es scheint ein Synergismus zwischen Mesoinosit und E-Vitamin zu bestehen, derart, daß die Inositwirkung jeweils an die gleichzeitig gegenwärtige Menge an E-Vitamin geknüpft erscheint und die lipotrope Wirkung des Mesoinosits erst durch E-Vitamin ermöglicht wird (DAM, KELMAN 1942 u. a.). Darüber hinaus wird angenommen, ob die Verbesserung der Resorption und Speicherung von Carotin und A-Vitamin durch E-Vitamin nicht indirekt auf den Mesoinosit zurückzuführen ist, weil inosithaltiges Sojaphosphatid den gleichen Effekt verursacht (ESH und SUTTON 1948; SLANETZ und SCHARF 1945).

10. Biotin (Vitamin H, Bios II, Bios II b, Faktor W, Coenzym R, Antiseborrhoisches Vitamin)

a) CHELDELIN, WILLIAMS und Mitarb. (1942) haben den Biotingehalt der verschiedenen Nahrungsmittel untersucht; das Ergebnis dieser Untersuchung ist in der folgenden Tabelle zusammengestellt:

Tab. 13 [1]. *Biotin je Gramm Nahrungsmitteln.*

Rindfleisch	0,077	Kohl	0,29
Rindsleber	2,6	Blumenkohl	1,50
Schweineschinken	0,12	Champignon	1,30
Hühnerfleisch	0,21—0,44	Spinat	0,67
Fische (Dorsch, Lachs)	0,19—0,30	Bananen	0,18
Austern	0,44	Orangen	0,15
Milch	0,41	Stachelbeeren	0,40
Eier	0,315	Tomaten	0,67
Brot (weiß)	0,016	Erdnüsse	1,11
Weizen	0,058	Sojabohnen	0,75
Weiselfutter	5,40		

[1] Entnommen VOGEL-KNOBLOCH, II. Bd., II. Teil, S. 3 (1955).

Verhältnismäßig reich an Biotin erwiesen sich Johannisbeeren, Haselnüsse und Sonnenblumenkerne.

b) Die Summenformel des Biotins stellte KÖGL schon vor mehr als 20 Jahren auf; als Methylester entspricht sie $C_{11}H_{18}O_3N_2S$; sie wurde später von DU VIGNEAUD, HOFMANN, MELVILLE und GYÖRGY (1941) bestätigt.

Die Aufklärung der Struktur war außerordentlich schwierig, da nur sehr geringe Substanzmengen (von KÖGL aus Enteneigelb isoliert) zur Verfügung standen. Ein Derivat des Biotins 2-N-Biotinyllysin konnte in seiner Struktur von WHRIGHT und FOLKERS (1951) sowie PECK, WOLF und FOLKERS (1952) aufgeklärt werden. Der Aufklärung der chemischen Struktur des Biotinmoleküls folgte eine weitere Sicherung durch zahlreiche Synthesen:

(Harris, Mozingo, Wolf, Wilson, Arth und Folkers 1944; Harris, Wolf, Mozingo, Anderson, Arth, Easton, Heyl, Wilson und Folkers 1944; Harris, Easton, Heyl, Wilson und Folkers 1944; Harris, Wolf, Mozingo, Arth, Wilson-Easton und Folkers 1945; Grassner, Bourquin und Schneider 1945; Schneider, Bourquin und Grassner 1945; Baker, McEven und Kinley 1947; Baker, Querry, McEven, Bernstein, Dorfman, Safir und Subbarow 1947 u. a.).

c) Demnach stellt Biotin eine Säure vor, und zwar 2′-Keto-3,4-imidazolin-2-tetrahydrothiophen-n-valeriansäure (LX; da die Kohlenstoffatome 2, 3 und 4 Assymmetriezentren sind, ergibt sich aus stereochemischen Überlegungen, daß vier racemische Diastereomere oder acht optisch aktive Modifikationen möglich sind, und zwar die Racemate: Biotin, Epibiotin, Allobiotin, Epi-Allobiotin. Der biologisch wirksamen Form kommt die untenstehende räumliche Konfiguration zu, in welcher die beiden Fünfringe zueinander geneigt sind (LXI).

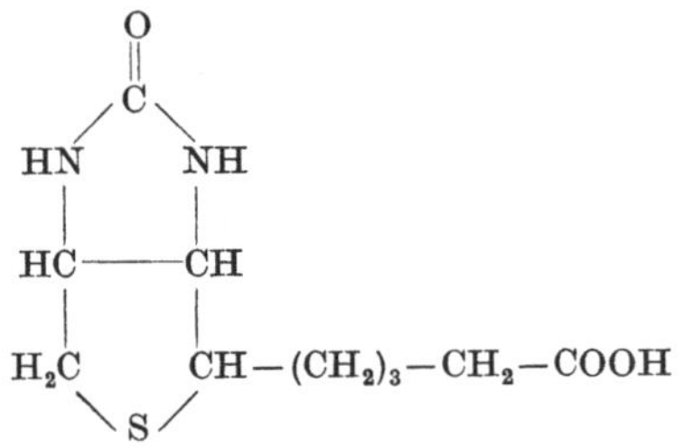

$$
\begin{array}{cc}
\text{LX} & \text{LXI}
\end{array}
$$

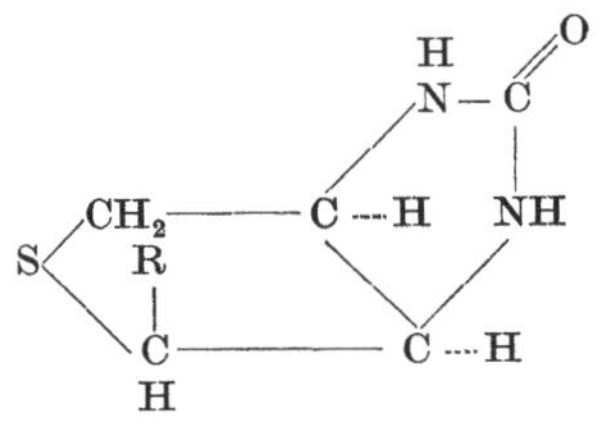

d-Biotin (LXI) bildet farblose Nadeln (aus Wasser), die zwischen 230 und 232° unter Zersetzung schmelzen; die Löslichkeit in kaltem Wasser ist gering, leicht löst sich die Verbindung in heißem Wasser sowie in verdünnten Alkalien. Die Verbindung stellt ein relativ stabiles Gebilde vor, was daraus hervorgeht, daß Kochen in Wasser keine Veränderung bewirkt. Lösungen in n/1000 Salzsäure sind längere Zeit haltbar. Durch Wasserstoffperoxyd oder Peroxyde von Fetten wird Biotin zerstört (Paccek und Snell 1942).

d) Die Art der biologisch wirksamen Form des Biotins ist zur Zeit nicht bekannt; soviel ist indes gewiß, daß das Biotin in Form verschiedener Coenzyme an Eiweiß gebunden und in der Zelle fixiert wird; diese Fixierung scheint eine sehr feste zu sein (Gardner, Parsons, Peterson 1945 und 1946).

Das Coenzym des Fermentes, welches Asparaginsäure, Serin und Threonin desamidiert, ist eine nucleotidartige Biotin-Adenylsäureverbindung, welche als Codesaminase 10mal wirksamer als Biotin ist, wenngleich es gegenüber Hefe oder Bakterien keine Wuchsstoffeigenschaften besitzt (Lichstein, Christman 1948; Lichstein 1949).

e) Als Ergebnis vieler Einzelbeobachtungen ergibt sich, daß Biotin in der Zelle als Baustein des Cofermentes der nach Wood-Werkman benannten Reaktion fungiert (Stepp-Kühnau-Schroeder 1952), also die Fixierung von Kohlendioxyd an Brenztraubensäure zu Oxalessigsäure katalysiert; der

Prozeß ist reversibel (LXII). Es wurde schon vorhin angedeutet, daß Biotinnucleotid die Fähigkeit besitzt, Asparaginsäure, Serin und Threonin zu desaminieren. Dieser Prozeß ist indes ebenfalls reversibel (WINZLER, BURK, DU VIGNEAUD 1945).

Es bestehen wechselseitige Beziehungen des Biotins zu den essentiellen Fettsäuren Linol-, Linolen- und Arachidonsäure, was durch die Tatsache klar wird, daß beim Fehlen von Biotin die genannten Fettsäuren zu unentbehrlichen Wachstumsfaktoren werden (BROQUIST und SNELL 1951). Aus diesen Befunden wird der Schluß gezogen, daß Biotin die Synthese ungesättigter Fettsäuren wie die oben Genannten in der Zelle katalysiert. Diese Beziehungen zwischen ungesättigten Fettsäuren und Biotin scheinen eine Voraussetzung für den ungestörten Cholesterin und Fettstoffwechsel zu sein. Die bei Biotinmangel beim Menschen zu beobachtende Hypercholesterinämie wird darauf zurückgeführt, daß die Veresterung des Cholesterins in der Leber gestört ist (SYDENSTRICKER, SINGAL, BRIGGS, DE VAUGHN, ISBELL 1942[1]).

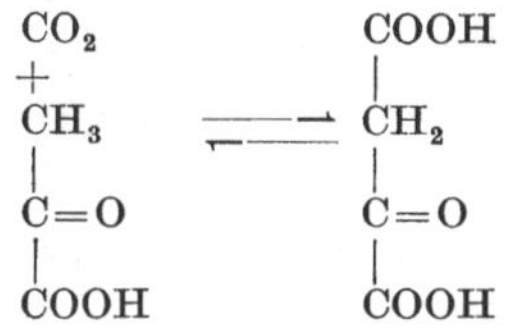

Die bei Biotinmangel zu beobachtenden seborrhoischen Hautschäden werden z. T. mit dem gehemmten Fettstoffwechsel in Beziehung gebracht (STEPP-KÜHNAU-SCHROEDER 1952 [18]). Biotin katalysiert die Umwandlung von Tryptophan in Formylkynurenin und ist somit auch bei der Synthese der Nicotinsäure aus Tryptophan auf halbem Wege beteiligt (SUNDARAM, TIRUMARAYANAN, SORMA 1954). Aus der Tatsache, daß bei biotinfrei gezüchteter Hefe sich 4-Aminoimidazol anreichert, welches ein Zwischenprodukt der Purinsynthese darstellt, geht hervor, daß Biotin auch in der Purinsynthese eingeschaltet ist (MOAT, WILKINS, FRIEDMAN 1956). Es wird angenommen, daß hierbei die Einfügung des Kohlenstoffatomes 6 in Frage kommt, während der Einbau des Kohlenstoffatomes 2 durch die Folsäure vermittelt wird (STEPP-KUHNAU-SCHROEDER 1957[3]).

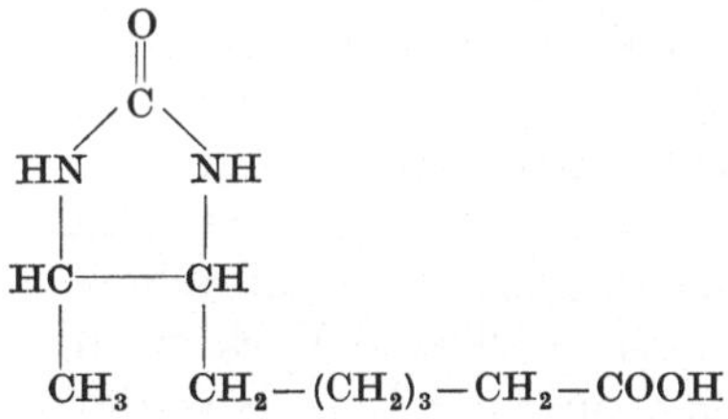

$$\begin{array}{c} CO_2 \\ + \\ CH_3 \\ | \\ C=O \\ | \\ COOH \end{array} \quad\rightleftharpoons\quad \begin{array}{c} COOH \\ | \\ CH_2 \\ | \\ C=O \\ | \\ COOH \end{array}$$

LXII

f) Der Tagesbedarf scheint gering zu sein und wird für den gesunden Erwachsenen mit etwa 0,15—0,20 mg angenommen.

g) Die intakte Seitenkette im Biotin-Molekül ist für die physiologische Wirksamkeit unentbehrlich, das Schwefelatom jedoch scheint durch das Saueratom ersetzbar (HOFMANN, WINNICK 1945). Dieses Oxybiotin wurde bisher in der Natur nicht gefunden; es kann ohne Umformung im Organismus zu Biotin dieses bei der Synthese biologisch wichtiger Coenzyme vertreten (KRUEGER und PETERSON 1948; McCoy, KIBBEN, AXELROD und HOFMANN 1948).

$$\begin{array}{c} O \\ \parallel \\ C \\ HN \qquad NH \\ | \qquad\quad | \\ HC\!-\!\!-\!\!-\!CH \\ | \qquad\quad | \\ CH_3 \quad CH_2\!-\!(CH_2)_3\!-\!CH_2\!-\!COOH \end{array}$$

LXIII

Das durch hydrierende Ringöffnung und Entschwefelung erhältliche Desthiobiotin (LXIII) ist bei vielen Mikroorganismen und auch beim Säuger (Ratte) biotinwirksam (STEPP-KÜHNAU-SCHROEDER 1952 [19]).

Sulfoxybiotin (LXIV) besitzt die volle Biotinwirksamkeit, jedoch zeigt das Sulfon (LXV), also Übergang in 6-wertigen Schwefel antagonistische Eigenschaften (Dittmer, Du Vigneaud, György und Rose 1944; Axelrod,

LXIV   LXV

De Woody und Hofmann 1946). Selbst Systeme mit aufgespaltenem und hydriertem Imidazolring, wie z. B. Decarboxyoxybiotin (LXVI), Decarboxy-

LXVI   LXVII

biotin (LXVII) sowie Decarboxydesthiobiotin (LXVIII) zeigen beträchtliche Biotinwirksamkeit. Ganz im Gegensatz dazu führt j e d e Änderung in der Seitenkette des Biotinmoleküls zum Verlust der biologischen Aktivität: Verkürzung oder Verlängerung der Valeriansäurekette um eine einzige CH_2-Gruppe in jedem Sinne genügt dazu, wobei die bemerkenswerte Tatsache zu verzeichnen ist, daß eine Verkürzung oder Verlängerung der Valerianseiten-

LXVIII

kette beim Oxybiotin stärker in Erscheinung tritt als beim Biotin, mithin die Verbindung Homooxybiotin z. B. (mit fünf CH_2-Gruppen) ein stärkerer Antagonist ist als etwa Homobiotin (LXIX) (mit fünf CH_2-Gruppen in der Seitenkette; Hofmann, Chen, Bridgewater und Axelrod 1947). Wird im Biotinmolekül die Carboxylgruppe gegen die Sulfogruppe ausgetauscht (LXX), so treten Antibiotin- und Antioxybiotineigenschaften auf; Ersatz der Carboxylgruppe durch die Hydroxygruppe bewirkt ein starkes Absinken der biologischen Aktivität (Winnick, Hofmann, Pilgrim und Axelrod 1945).

Anlaß zu einer Biotinavitaminose gibt in auffallender Weise ein im Hühnereiklar befindliches Protein, das A v i d i n, welches mit dem Biotinmolekül einen festen, biologisch unwirksamen Komplex bildet und auf diese Weise das Biotin seinen biologischen Aufgaben entzieht (GYÖRGY und ROSE 1943); der Komplex wird weder von Pepsin noch von Trypsin, Pankreatin oder Papain angegriffen. Biotin kann aus dem Komplex erst durch einstündiges Erhitzen auf 100^0 abgespalten werden (GYÖRGY und ROSE 1941). Biotinanaloge mit geöffnetem oder verändertem Imidazolring werden von Avidin n i c h t gebunden (EAKIN, SNELL und WILLIAMS 1940 [1], 1941; DU VIG-

$$
\begin{array}{ccc}
\text{O} & & \text{O} \\
\| & & \| \\
\text{C} & & \text{C} \\
\text{HN} \quad \text{NH} & & \text{HN} \quad \text{NH} \\
\text{HC}\!-\!-\!\text{CH} & & \text{HC}\!-\!-\!\text{CH} \\
\text{H}_2\text{C} \quad \text{CH}\!-\!(\text{CH}_2)_4\!-\!\text{CH}_2\!-\!\text{COOH} & & \text{H}_2\text{C} \quad \text{CH}\!-\!(\text{CH}_2)_3\!-\!\text{CH}_2\!-\!\text{SO}_3\text{H} \\
\text{S} & & \text{S} \\
\text{LXIX} & & \text{LXX}
\end{array}
$$

NEAUD, DITTMER, HOFMANN und MELVILLE 1942; WINNICK, HOFMANN, PILGRIM und AXELROD 1947). Im Biotin-Avidin-Komplex wird die Bindung als eine durch COULOMBsche Kräfte bewirkte angesehen.

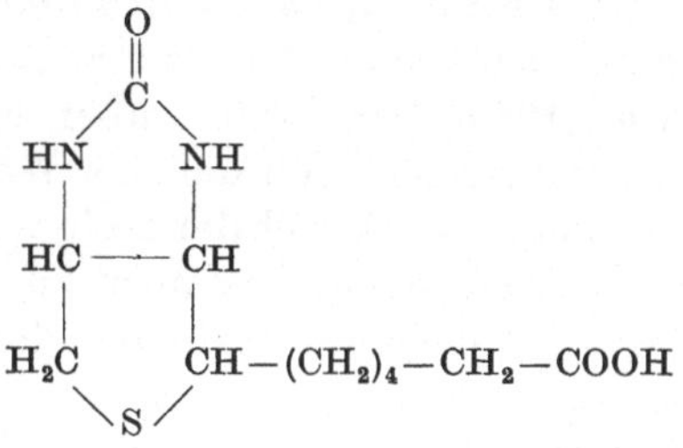

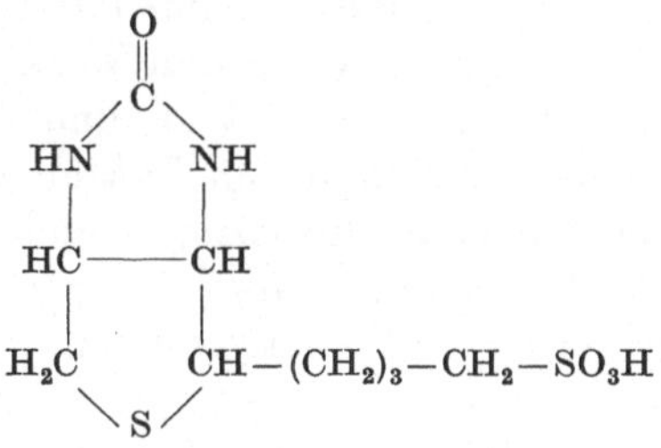

i) Über Abkömmlinge des Biotins, die in der Therapie Verwendung finden könnten, ist nichts bekannt.

j) Die auch beim Säuger feststellbare Wachstumswirkung des Biotins hat die Frage aufgeworfen, ob Biotin bei der Krebsentstehung eine Rolle spielen könnte. Wieweit auch die einzelnen diesbezüglichen Befunde divergent sein mögen, eines scheint gesichert zu sein, daß Biotin das Wachstum von Buttergelb-Carcinom beschleunigt (STEPP-KÜHNAU-SCHROEDER 1952 [20]), während gleichzeitige Eiklarfütterung (Avidin) vor dem Angehen dieser Tumoren zu schützen scheint (HARRIS 1947).

Versuche, Carcinome beim Menschen durch fortgesetzte Gaben an rohem Eiklar, erkanntes Tumorwachtum zum Stillstand zu bringen, haben keinen Erfolg gehabt (RHOADS und ABELS 1943; KAPLAN 1944).

Die durch Biotinmangel experimentell gesetzten Krankheitsbilder sind durch fortschreitende Veränderungen der Haut, Degenerationsvorgänge an Muskeln und Gelenken, Störungen des endokrinen Systems (Thymus, Hoden, Nebenhoden) und schließlich Verminderung der Resistenz gegenüber Infekten sowie durch eine mikrozytäre Anämie gekennzeichnet (STEPP-KÜHNAU-SCHROEDER 1952 [21]). Beim Menschen jedoch sind Biotinmangelerscheinungen weit schwerer zu realisieren; soweit sie verwirklicht werden können, lassen sie sich durch Biotingaben prompt beheben. Indes konnte, auf den Erkenntnissen von GYÖRGY fußend (1935), bei der Dermatitis seborrhoides des Säuglings mit Hilfe von kristallisiertem Biotin (5 mg tgl. oral oder parenteral) spezifische Heilerfolge erzielt (KOKIL 1954) und frühere Befunde bestätigt werden. Zweifellos wird die Biotintherapie bei allen ungeklärten

Störungen des Fettstoffwechsels sowie bei neuralgischen Erkrankungen am Platze sein.

k) l) m) Durch das Eingreifen des Biotins in den Prozeß der Umwandlung von Tryptophan in Nicotinsäure, sind die beiden Vitamine in funktionell-biologischer Hinsicht miteinander verknüpft (Sundaram, und Mitarb., l. c. 1954).

11. Liponsäure (Thioctsäure, Pyruvat-Oxidation-Factor)

a) Dewey beobachtete im Jahre 1941, daß Protozoen, wie *Tetrahymana*, einen bis dahin unbekannten Wirkstoff benötigen und den er als Protogen bezeichnete. Guivard, Snell und Williams (1946) berichteten über einen nicht näher identifizierten Faktor, der im acetatfreien Medium das Wachstum von *Lactobacillus casei* beeinflußte. Ein neuer Wirkstoff der Hefe wurde erkannt, bei dessen Fehlen *Strept. faecalis* Brenztraubensäure nicht zu oxydieren vermag (O'Kane und Gunsalus 1947). Thioctsäure (Lipoid acid) ist in der Natur weitverbreitet; man findet sie in grünen Blättern, in der Sojabohne, der Hefe sowie in allen tierischen Organen mit Ausnahme der Schilddrüse. Das weitverbreitete Vorkommen dieses Wirkstoffes einerseits und die Vielseitigkeit der Funktionen anderseits, wies bezüglich der Zugehörigkeit zu bestimmten Wirkstoffen in die Richtung des Vitamin-B-Komplexes. Die Isolierung der Thioctsäure im kristallisierten Zustand aus der Leber gelang Reed und Mitarbeitern (1951) und wenig später dem Arbeitskreis um Patterson (1951). Als Ausgangsmaterial diente hierbei der wasserunlösliche Rückstand aus Rinds- und Schweineleber.

b) Die chemische Struktur der Thioctsäure konnte durch Abbau einerseits und durch Synthese anderseits gesichert werden. Die beste Ausbeute lieferte eine Synthese von Reed und Niu (1951), und zwar erhielten die Autoren bei ihrer Synthese an die 36% α-Thioctsäure. Die biologische Aktivität der DL-α-Thioctsäure wurde von Hornberger und Mitarb. (1952) getestet und als halb so stark wie die der natürlichen Thioctsäure befunden. Demnach ist die L-α-Thioctsäure biologisch inaktiv; die Struktur der D-α-Thioctsäure wird durch die nebenstehende Formel wiedergegeben (LXXI), und die Bruttoformel entspricht $C_8H_{14}O_3S_2$.

$$
\begin{array}{ccc}
\overset{\displaystyle H_2}{\underset{\displaystyle C}{}} & & \overset{\displaystyle H_2}{\underset{\displaystyle C}{}} \\
H_2C \quad CH-(CH_2)_3-CH_2 & \longrightarrow & H_2C \quad CH-(CH_2)_3-CH_2 \\
| \qquad\quad | & & | \qquad\; | \qquad\qquad\; | \\
S\text{——}S \qquad\quad COOH & & SH \quad SH \qquad\quad COOH \\
\text{LXXI} & & \text{LXXII}
\end{array}
$$

Die D-α-Thioctsäure kristallisiert aus Petroläther in Form gelblicher Plättchen vom Fp. 47,4°; sie ist, wie dies schon aus der Bezeichnung hervorgeht, optisch aktiv. Beim Erhitzen bis auf 120°, ja selbst beim Erhitzen in 2 n-Natronlauge und 1 n-Salzsäure ist sie stabil. Sie kann nach Hager und Mitarb. (1953) auf enzymatischem Wege zur Dithiolform reduziert werden (LXXII).

d), e) Die biologische Funktion der Thioctsäure ist unter anderem sicher auch in der Möglichkeit der reduzierenden Aufsprengung seiner Disulfidbrücke zur Thiolform zu suchen. Die wichtigste Aufgabe der Thioctsäure besteht in der oxydativen Carboxylierung von α-Ketosäuren; in Wechselwirkung mit Diphosphothiamin-Kation (DPT-Cocarboxylase) mit Pyruvation bildet sich gemäß Schema (LXXIII) durch Spaltung des Pyruvations:

$$R'-\overset{O}{\overset{\|}{C}}-\overset{O}{\overset{\|}{C}}-O^{(-)} + DPT^{+} \longrightarrow [R'-\overset{O}{\overset{\|}{C}}-DPT] + CO_2$$

LXXIII

Dieser salzartige Komplex zwischen Acyl und DPT erleidet in Wechselwirkung mit Thioctsäure einen Umbau gemäß:

$$[R'-\overset{O}{\overset{\|}{C}}-DPT] + \underset{S}{\overset{S}{|}}{\diagdown}^{R} \longrightarrow R'-\overset{O}{\overset{\|}{C}}-S{\diagdown}^{R^{(-)}}_{\,^{(-)}S} + DPT^{+}$$

LXXIV

$$R'-\overset{O}{\overset{\|}{C}}-S{\diagdown}^{R^{(-)}}_{\,^{(-)}S} + CoA-SH \longrightarrow R'-\overset{O}{\overset{\|}{C}}-S-CoA + HS{\diagdown}^{R^{(-)}}_{\,^{(-)}S}$$

LXXV

$$HS{\diagdown}^{R^{(-)}}_{\,^{(-)}S} + DPN^{(+)} \longrightarrow \underset{S}{\overset{S}{|}}{\diagdown}^{R} + DPNH$$

LXXVI

R'-CO-SCOA stellt, soweit R' gleich CH_3 ist, Acetylcoenzym A vor; die im Kapitel 3 erhobene Funktion des Brenztraubensäureabbaues durch Coenzym A ist somit mit Umsetzungen der Thioctsäure gekoppelt. Nach dieser Reaktionsfolge entsteht unter Mitbeteiligung der Thioctsäure aus Coenzym A eben das vorhin genannte „Aktive Acetat"; bei Gegenwart von α-Ketoglutarsäure als Substrat bildet sich unter sonst gleichen Voraussetzungen „Aktives Succinat". Wenn man berücksichtigt, daß Brenztraubensäure und Ketoglutarsäure obligate Zwischenprodukte des Kohlenhydrat- und Eiweißstoffwechsels bei Pflanzen und Tieren vorstellen, scheint Thioctsäure, wie die anderen Vitamine des B-Komplexes, ein von allen Zellen benötigter Wirkstoff zu sein.

Als biologische Wirkform der Thioctsäure wird neuerdings ein Doppelmolekül zwischen der Thioctsäure und dem Thiamin gemäß der Formel LXXVI-A angenommen (Reed und De Busk 1952; Reed, Gunsalus und Mit. 1953), wobei der Pyrophosphorsäureester des „Lipothiamids" — wie dieses

neue Molekül auch bezeichnet wird — als Coenzym für die oxydative De-
carboxylierung fungiert [6].

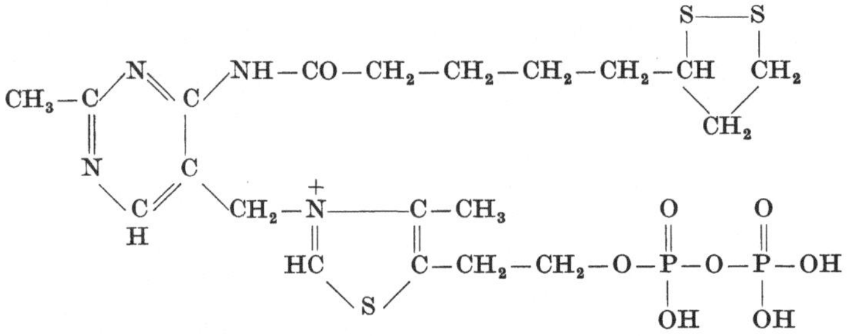

$$CH_3-C \overset{N}{\underset{N}{\diagdown}} C \overset{NH-CO-CH_2-CH_2-CH_2-CH_2-CH}{\diagup} \quad \overset{S—S}{\underset{CH_2}{CH \quad CH_2}}$$

LXXVI-A

Die Möglichkeit, daß Thioctsäure bei der Photosynthese der Pflanzen eine
Rolle spielen könnte, ist zuerst von Calvin und Barltrop (1952), Barltrop,
Hayes und Calvin (1954), Bradley und Calvin (1955), Calvin (1954),
Calvin und Greene (1956) diskutiert worden. In Pflanzen ist bei der Photosynthese in Gegenwart von radioaktiv markiertem $C^{14}O_2$ die photosyntheti-
sche Umwandlung des intermediären Tricarbonsäurezyklus unterbunden
während der Belichtung, verläuft jedoch schnell in der Dunkelheit. Seit der
einzige Weg bekannt ist, wie diese Umwandlung geschehen kann, nämlich
über die Thioctsäure-abhängige Konvertierung der Brenztraubensäure zu
Acetyl-Coenzym A, nahmen Calvin und Massini (1952) an, daß dieser Prozeß im Lichte deshalb blockiert ist, weil die Hauptmenge der Thioctsäure
sich im reduzierten Zustande befinde.

Die Möglichkeit einer Beteiligung der Thioctsäure an der Photosynthese
wird angenommen, weil vom belichteten Chlorophyll Elektronen an das
Thioctsäuresystem übertragen werden, wobei dieses durch Wasser unter
Freisetzung von Sauerstoff in die Dithiolform verwandelt wird.

Mit S^{35} radioaktiv markierte Thioctsäure wurde auf *Chlorella* einwirken
gelassen; es zeigte sich, daß hernach 80% der Radioaktivität der inkorporier-
ten Thioctsäure in den Plastiden wieder gefunden wurde. Der überwiegende
Teil der Thioctsäure wurde hiebei als Glycerinester gebunden.

f) Da nicht mit Sicherheit festgestellt werden konnte, ob beim Säuger
ein Bedarf an exogener Thioctsäure besteht, ist auch der Tagesbedarf schwer
anzugeben.

g) Wenn das eine Schwefelatom in der Thioctsäure zu Sulfoxyd oxydiert
wird, erhält man die sogenannte *β*-Thioctsäure (LXXVII), die hinsichtlich
ihrer biologischen Aktivität der *α*-Thioctsäure entspricht (Patterson, Pierce,
Stockstadt, Hoffman, Brockman, Day, Mach und Jukes 1954). Einführung
einer Methylgruppe im Ring an der Stelle 8 (LXXVIII) hat schwache Wuchsstoffeigenschaften für *Corynebacterium bovis,* ist aber ein Hemmstoff für
DL-*α*-Thioctsäure für *Streptococcus faecalis* (Stockstadt 1954). Ringerweite-

---

[6] Neuerdings wird auch angenommen, daß ein Thioctsäure-Lysin-Komplex die
aktivste Wirkform des Vitamins vorstellt. (Nach A. Lüttringhaus, Priv. Mitt.)

rungen sind bedauerlicherweise auf Kosten des Valeriansäurerestes vorgenommen worden, so daß gleichzeitig mehr als ein Strukturmerkmal variiert wurde, was die Bewertung des biologischen Verhaltens dieser Verbindungen erschwert. Nach dem Gesagten ergibt sich z. B. bei Erweiterung des Disulfidsechsringes zum Siebenring eine Form, welche für Mikroorganismen nur

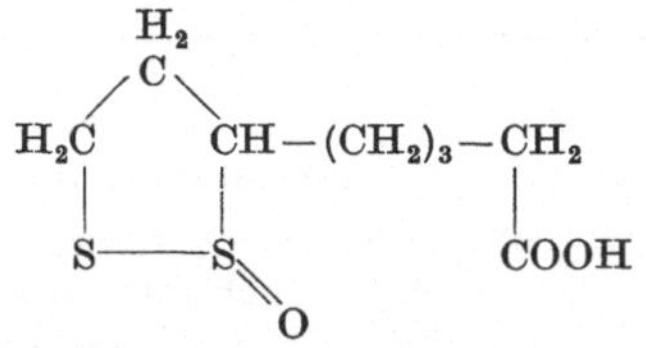

$$
\begin{array}{cc}
\underset{\displaystyle H_2C\text{---}CH-(CH_2)_3-CH_2}{\overset{\displaystyle C}{\diagup\ \diagdown}}\ \ H_2 & \underset{\displaystyle CH_3-HC\quad CH-(CH_2)_3-CH_2}{\overset{\displaystyle C}{\diagup\ \diagdown}}\ \ H_2 \\
\text{LXXVII} & \text{LXXVIII}
\end{array}
$$

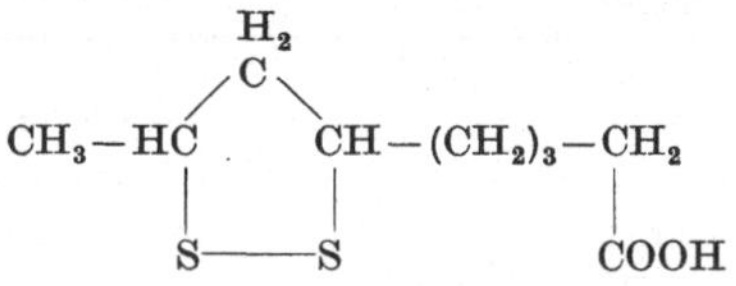

mehr 1 % oder noch weniger der ursprünglichen Liponsäurewirkung besitzt (BULLOCK, BROCKMAN, PATTERSON, PIERCE, and STOCKSTADT 1952; STOCKSTADT 1954).

j) Über die Möglichkeiten der Therapie mit Thioctsäure ist zu sagen, daß diese erst in ihrem Anfangsstadium sich befindet; eine Leberschutzwirkung der Verbindung steht außer Zweifel, dem entspricht auch der relativ hohe Gehalt der Leber an Thioctsäure. Besonders die Erfolge mit der Thioctsäure bei der trophischen Leberzirrhose, der akuten Hepatitis und des Leberkomas scheinen bedeutungsvoll (F. RAUSCH, 1957/58). Hierbei werden Einzelgaben von 2 bis 6 mg Thioctsäure i. v. verabreicht.

k), l), m) Bezüglich der Beziehungen der Thioctsäure zu anderen Vitaminen müssen insbesondere jene zur Pantothensäure bzw. dem Coenzym A hervorgehoben werden; dadurch entsteht die Notwendigkeit, solche auch zu anderen Vitaminen des B-Komplexes anzunehmen. Im Hinblick darauf, daß zur enteralen Synthese von Coenzym A Thyroxin erforderlich ist, bestehen auch mittelbare Beziehungen zu den Hormonen.

12. Vitamin-P-aktive Stoffe (Permeabilitätsfaktoren, Bioflavonoide, Citrin, Rutin)

a) SZENT-GYÖRGYI und seine Schule beobachteten 1936, daß Vitamin-C-reiche Früchte (Paprikaschoten, Zitronen) bei Skorbut und ähnlichen Stoffwechselstörungen eine dem reinen C-Vitamin überlegene Wirkung entfalten; daraus wurde der Schluß gezogen, daß ein neuer Diätbestandteil im Zusammenwirken mit dem Vitamin C für die Aufrechterhaltung der Widerstandsfähigkeit der Kapillarwandung Sorge trage. GYÖRGYI gelang es bald darauf, aus Citrusfrüchten gelbe Farbstoffe in kristallierter Form zu isolieren, welche diese fragliche Heilwirkung bei Blutungsbereitschaft, Neigung zu Oedemen und Exsudaten auszuüben in der Lage waren. Diese Stoffe wurden als P-Vitamine bezeichnet (besser P-aktive Stoffe) und in der Folgezeit zeigte es sich, daß solche Verbindungen, welche verschiedenen chemischen Körperklassen angehören, im Pflanzenreich weitverbreitet sind, so etwa der des Flavons, Flavanons, Flavonols, den Anthocyanen, Catechinen und Cumarinen. Die P-Vitamine kommen in der Natur in der Regel am Hydroxyl-6

mit verschiedenen Zuckern veräthert vor. In der nachfolgenden Tabelle
finden sich daher Angaben über die natürlichen Vitamin-P-Formen, die
zuckerfreien Formen (Aglykon) sowie die Quelle.

Tabelle 14 [1].

P-Faktor	Aglykon	Quelle
Rutin (Quercetin-gluco-rhamnosid)	Quercetin	Citrusfrüchte, *Forsythia suspensa* u. a.
Citrin (Gemisch aus Hes-peridin und Eriodictin)	Hesperitin und Eriodictyol	Citrusfrüchte, Paprika, Hage-butten, schwarze Johannisbeeren
Quercitrin (Quercetin-rhamnosid)	Quercetin	Citrusfrüchte
Cyanidin-glucorhamnosid	Cyanidin	Kirschen, schwarze Johannis-beeren, Pflaumen

[1] Aus „Vitamine Merck", 1957, S. 227.

Im tierischen Organismus hat neuerdings Szent-Györgyi (1955) in der
Thymusdrüse Vitamin P in Form eines farblosen Proteides bis zu einer
Menge von 0,1 mg/g Frischgewicht aufgefunden. Über die mögliche physiolo-
gische Bedeutung dieser Entdeckung vgl. unter e).

b) Bezüglich der Struktur der P-aktiven Stoffe ist zu sagen, daß sie sich
im großen und ganzen von acht Grundstrukturen ableiten lassen, die ihrerseits wieder untereinander Verwandtschaft zeigen; dies gilt besonders für
die Gruppen des Flavons (LXXIX), Flavonols (LXXX), Flavanons (LXXXI),

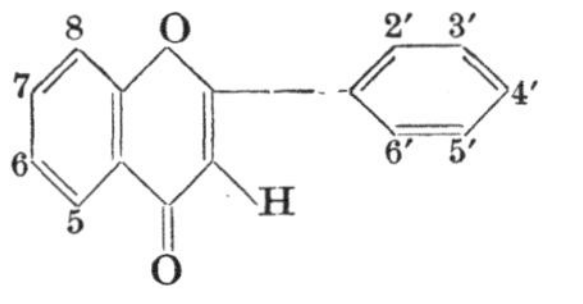

LXXIX 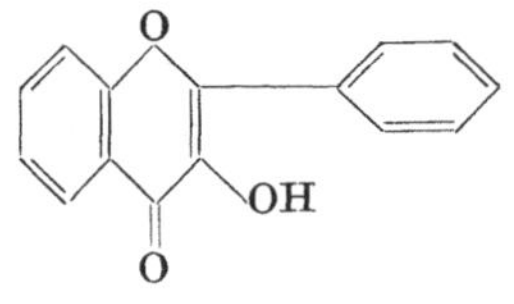   LXXX

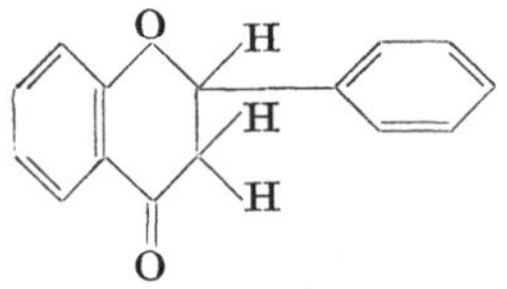

LXXXI 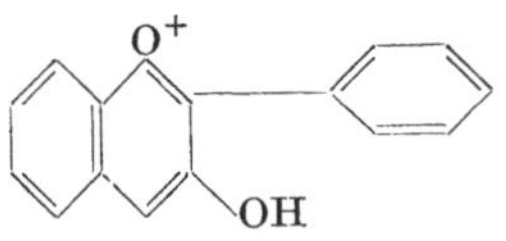   LXXXII

Flavyliumderivate (LXXXII) und Catechine. Die beiden Grundtypen des
Flavons sowie des Flavonols werden durch die Formelbilder (LXXIX,
LXXX) wiedergegeben. So stellt z. B. das Rutin als wichtigstes Prinzip der
Therapie das Rhamnoglucosid des Quercetins dar und dieses wieder stellt
im Sinne der obigen Gruppenangaben 3, 5, 7, 3′, 4′-Pentaoxyflavon vor, was
gleichbedeutend ist mit 5, 7, 3′, 4′-Tetraoxyflavonol. Das als „Citrin" bezeichnete Produkt wurde schon im Jahre 1828 von Lebreton aufgefunden

und stellt in chemischer Hinsicht kein einheitliches Individuum vor, sondern ist ein Gemisch aus Hesperidin und Eriodictin; es findet sich reichlich in Orangenschalen.

c) Allen P-aktiven Stoffen ist eigen, daß sie mehr oder weniger stark gefärbte Prinzipien vorstellen; im besonderen stellt Rutin ein hellgelbes bis matt grünlichgelbes mikrokristallines Pulver dar, welches sich schwer in kaltem, etwas leichter in warmem Wasser löst; es ist unlöslich in Äther oder Chloroform. Der Schmelzpunkt der Substanz ist für diese wenig kennzeichnend, er liegt für die bei 120° vorgetrocknete Verbindung bei 190°. Die Aglykone der P-aktiven Prinzipien sind durch Synthesen leicht zugänglich.

d) Über die biologisch wirksame Form ist zu sagen, daß Gründe für die Annahme bestehen, daß nicht die P-aktiven Stoffe selbst, sondern vielmehr ihre Reduktionsprodukte die eigentliche biologische Aktivität besitzen. Die P-aktiven Stoffe scheinen Glieder einer Kette reversibler Redoxsysteme zu sein, wobei diese biologische Aktivität an den heterocyclischen Pyranring geknüpft zu sein scheint. Das nachfolgende Schema (LXXXIII) zeigt die wechselweisen Möglichkeiten, die sich auch in vivo zwischen Oxydo-Redoxformen in Gestalt von Gleichgewichten ausbilden können:

LXXXIII

Und da, wie später gezeigt werden soll, Catechin das wirksamste P-aktive Prinzip vorstellt, besteht somit die prinzipielle Möglichkeit solcher Gleichgewichtseinstellungen zugunsten des Catechins (STEPP-KÜHNAU-SCHROEDER 1957 [4]). Diese Umwandlung von Rutin in Catechin ist ja deshalb so wichtig, weil die P-Aktivität des Catechins 500mal größer sein soll als die des Rutins (Lavollay und Mitarb. 1943, 1944, 1944 [1]). Bei Zutreffen dieser Annahme sollten die von Catechin verschiedenen P-aktiven Stoffe nur die Funktion von Provitaminen erfüllen. Da aber Gerö meint (1946, 1947, 1946), daß Rutin biologisch wirksamer sei als Epicatechin, wird gefolgert (Stepp-Kühnau-Schroeder 1957 [5]), daß eine dazwischen liegende Oxydationsstufe (Leukoflavonol, Cyanidin oder Flavenol, vgl. das vorstehende Schema) mit dem wahren Vitamin P identisch sein könnte. Der bei den Flavonen, Flavanonen, Flavanolen und Anthocyanidinen in 2-Stellung befindliche o-Diphenolrest kann darüber hinaus bei alkalischer Oxydation zum Chinonrest oxydiert werden (Perkin 1916). Die P-aktiven Stoffe, wie Quercetin bzw. seine Glykoside (z. B. Rutin), können somit je nach den Umständen an verschiedenen Stellen des Moleküls reduktive bzw. oxydative Umwandlungen erleiden und dadurch in schwer deutbarer Weise die Aufgaben als Redoxkatalysatoren erfüllen.

Im Hinblick darauf, daß Flavanone und Flavanole mit Proteinen stabile Verbindungen bilden können, wird angenommen, daß die P-aktiven Verbindungen die Aufgabe von Cofermenten ausüben (Raunert 1938, 1939; Wawra 1942).

e) Die Frage, ob P-aktive Stoffe (Bioflavonoide) als lebenswichtige Diätfaktoren anzusehen sind, ist noch nicht eindeutig entschieden; hingegen ließ sich zeigen, daß Rutin bei der jungen Ratte eine wachstumsfördernde Wirkung entfaltet (Galeja 1949). Wachstumsfördernde Einflüsse konnten auch bei keimenden grünen Pflanzen beobachtet werden (Stepp-Kühnau-Schroeder 1957 [6]), ja sogar bei Grünalgen, wie *Chlamydomonas*, wirken Konzentrationen von 1 : 10⁻¹⁰ Rutin kopulationshemmend; das Isorhamnetin wirkt in noch größerer Verdünnung als weiblicher Prägungsstoff, während Isorhamnetindiglukosid einen Hemmstoff der Gametenbewegung darstellt und das aus Isorhamnetin durch Reduktion entstehende Päonin die Funktion eines männlich prägenden Wirkstoffes besitzt (R. Kuhn 1949 [1]).

Gegenüber Viren wirken Bioflavonoide z. B. im Nagerorganismus hemmend (Cutting, Dreisbach, Matsushima 1953).

Die heutigen Anschauungen über die Wechselwirkung der Bioflavonoide mit der Struktur der Kapillarwand sowie deren Permeabilität gehen dahin, daß die Diffusion gelöster Partikel durch die Kapillarwand nach den Gesetzen des „Aktiven Transportes" vor sich geht, also nicht ausschließlich den Prinzipien der Osmose gehorcht. Das Wesen des aktiven Transportes besteht darin, daß beiderseits der Membran fixierte Enzyme den Transport übernehmen. Wie experimentell gezeigt werden konnte, wird die Passage durch Phloretin (= 5, 7, 4′-Trioxyflavon) signifikant gehemmt. Darüber hinaus erwiesen sich die Bioflavonoide als sehr wirksame Inhibitoren der Hyaluronidase, welche ansonsten durch hydrolytischen Abbau der Hyaluronsäure den Hauptbestandteil der Kapillarwand auflockert. Die Hyaluronidase wird durch Bioflavonoide ganz allgemein schon in ganz geringen Konzentrationen gehemmt (Hesperidin, Rutin, Catechin u. a.) (Beiler, Martin 1947, 1948, 1950). Diese Wirkung wird mit der Struktur der Bioflavonoide als Polyphenole in Zusammenhang gebracht, da einfacher gebaute mehrwertige Phenole wie Gentisinsäure und Adrenalin ähnliche Wirkungen erkennen lassen.

Die Funktion als Antioxydantien erfüllen die Bioflavonoide in vielfältiger Weise; ohne Zweifel gehört hieher die Schutzwirkung auf das sauerstoffempfindliche Adrenalin, die hochungesättigten Fettsäuren des Milchfettes sowie auf die Ascorbinsäure. Diese Wirkung auf Vitamin C äußert sich z. B. in einer Erhöhung des Ascorbinsäuregehaltes der Nebennieren. Der Synergismus zwischen Bioflavonoiden und Ascorbinsäure kommt ferner auch darin zum Ausdruck, als die vaskuläre Form der Purpuraerkrankung (BEVES, BENSATH, ARMENTANA, RUSZWYAK und v. SZENT-GYÖRGYI 1936; DORNOW 1955) wohl durch natürliche Vitamin-C-haltige Säfte, nicht aber durch Ascorbinsäure allein geheilt wird.

Neben diesen anscheinend wahren Vitaminwirkungen besitzen die Bioflavonoide (Quercetin, Rhamnetin, Rutin und Quercitrin) hypotensive und in der Peripherie die Durchblutung verbessernde Eigenschaften; auf der anderen Seite geht mit der verbesserten Herztätigkeit eine Zunahme der Diurese einher (STEPP-KÜHNAU-SCHROEDER 1957 [7]).

Bemerkenswert erscheint auch eine Beobachtung von BÖHM (1959), wonach bei Ratten der Zellstoffwechsel durch Malachitgrün in typischer Weise geschädigt wird; wenn aber vor der Verabreichung des Malachitgrüns die Tiere das Flavonoid Hyperozid erhalten, so lassen sich die den oxydativen Zellstoffwechsel schädigenden Wirkungen des Malachitgrüns abschwächen und die Überlebenszeit dieser Tiere signifikant verlängern.

Die Feststellung von SZENT-GYÖRGYI (l. c.), wonach sich in der Thymusdrüse Vitamin P in Form eines farblosen Proteides und in einer Menge von 0,1 mg/g Frischgewicht vorfindet, erscheint überaus bedeutungsvoll; nach GYÖRGYI hat das Flavonoid in der Thymusdrüse Bedeutung für das normale Körperwachstum. Außerdem scheinen Wechselwirkungen zwischen Flavonoidmangel und malignem Wachstum zu bestehen; hierher gehört möglicherweise auch die Beobachtung, wonach der Genuß roter Rüben — wenigstens im Tierversuch — eine Verlangsamung malignem Wachstums bewirkt.

f) Der Tagesbedarf an den verschiedenen Bioflavonoiden ist zur Zeit nicht bekannt.

g) Die Konstitutionsspezifität scheint sich auf die Voraussetzung zu beschränken, daß die Verbindungen Derivate des Benzo-γ und Benzo-α-Pyrons (Cumarins) sein müssen.

h) Als Antagonist der P-aktiven Verbindungen wird nach BALDUCCI (1948) Dicumarol angesehen, da Vitamin P die Fähigkeit besitzt, eine Schutzwirkung gegenüber Dicumarolvergiftungen auszuüben (vgl. DORNOW und PETSCH l. c.). Demnach würde Dicumarol sich sowohl gegenüber den P-Vitaminen als auch gegen K-Vitamin antagonistisch verhalten.

i) Vitaminderivate der P-Gruppe, die für die Therapie nützlich wären, sind bis jetzt nicht bekanntgeworden.

j) Für die Klinik hat der Einsatz der Bioflavonoide bereits eine ausgedehnte Verwendung gefunden; die bei primärem Vitamin-P-Mangel auftretenden Blutungen unterscheiden sich in deutlicher Weise von jenen einer skorbutischen Ausgangslage: Diese treten äußerlich erkennbar an den Haarfolikeln auf der Haut in Erscheinung. Neben diesen Blutungen scheinen weitere Symptome der P-Avitaminose in Gelenksschmerzen, Schwäche und starker Ermüdbarkeit (Stepp-Kühnau-Schroeder 1957 [8]) sich zu äußern.

Steigerung der Kapillarbrüchigkeit wie solche bei der essentiellen Hypertonie, dem Hungerödem, dem Diabetes mellitus, der Nephrosklerose, der Apoplexie und bei präapoplektischen Zustandsbildern auftreten oder im Gefolge von Blutungen nach Colitis ulcerosa, bei Scharlach sowie bei plötzlichen Blutungen nach Dicumarol festzustellen ist, können durch Vitamin-P-aktive Stoffe im günstigem Sinne beeinflusst werden. Neben der permeabilitätsvermindernden Wirkung für hochmolekulare Stoffe (Proteine, Erythrocyten) tritt die für die Bioflavonoide typische Antischockwirkung in Erscheinung; diese im Tierversuch erstmals beobachtete Antischockwirkung durch Bioflavonoide konnte auch beim Menschen erfolgreich gestaltet werden (Hauschild 1955). Beispielsweise bei der Reinjektion von Kaninchenserum bei der Behandlung von Leukämien und Tumoren. Die Prophylaxe mit Rutin bewährte sich unter anderem bei Therapien, die erfahrungsgemäß öfter mit einem Schock einhergehen, wie etwa bei Diphtherie, bei Tetanus oder beim Gasbrand, Krankheitserscheinungen, die eine Serumbekämpfung erforderlich machen (vgl. K. Böhm 1959 und 1960).

Die Beobachtung, daß bei der Poliomyelitis im akuten Stadium sowie beim habituellen Abort sehr starke Kapillarfragilität besteht, war Anlaß zu der Annahme, daß hierbei ein Bioflavonoidmangel am Entstehen der Erkrankung mitbeteiligt ist. Entsprechende Versuche bei der Poliomyelitis (Boines 1955) als auch beim habituellen Abort (Greenblatt 1955) waren ermutigend.

Die Möglichkeit des Strahlungsschutzes durch Bioflavonoide, wie er im Tierversuch nachgewiesen wurde, ist in der Humanmedizin noch nicht ausgenutzt.

k), l), m) Die Wechselbeziehungen zu anderen Vitaminen ergeben sich aus dem Dargelegten einmal mit der Ascorbinsäure im Sinne eines Synergismus sowohl als auch einem Oxydationsschutz. Bezüglich des Vitamins K als Koagulationsvitamin wird dessen Effekt durch die Bioflavonoide infolge gleichzeitiger Inhibierung der Kapillardiffusion verstärkt und gesichert.

Die durch Desoxycorticosteron bei der Ratte eingeleitete Hypertension wird durch Vitamin P prompt herabgesetzt oder überhaupt unterdrückt (Salgade und Green 1956).

B. Die wasserunlöslichen Vitamine

13. Vitamin A (Axerophthol); Provitamin A (β-Carotin)

a) Die Beobachtung von W. Stepp im Jahre 1909, daß weiße Mäuse durch eine Nahrung, die von Alkohol-Äther-löslichen Substanzen befreit ist, trotz hinreichender Zulagen von Neutralfett nicht am Leben erhalten werden konnten, gab den Anstoß zu einer intensiven Bearbeitung dieses Problems. Stepps Befunde konnten alsbald von Hopkins (1912) bestätigt

werden, und zwar ergaben Versuche an Ratten, daß Mangel an diesen fett-
löslichen Stoffen zu einer schweren Augenerkrankung, der Xerophthalmie und
Keratomalazie führte. Durch diese Befunde gewann auch die Mitteilung des
japanischen Augenklinikers INOUYE (1896) Bedeutung, wonach japanische
Kinder, welche die inneren Landbezirke bewohnten, in großer Zahl an Xerophthalmie und Keratomalazie erkrankten, deren Nahrung eben überwiegend
pflanzlichen Ursprungs war. Bei Kindern der Küstenbevölkerung, die reichlich Fischnahrung bekamen, wurde diese Krankheit kaum beobachtet.

Diese Augenkrankheiten ließen sich durch Hühnerleber, Aalfett und
Lebertran bestens beeinflussen. Von LOHMANN stammt der Hinweis, daß das

$$\text{LXXXIV}$$

erste Symptom des Vitamin-A-Mangels die Nachtblindheit vorstellt, deren
Heilung schon vor 3500 Jahren den Ägyptern geläufig war.. Auch in der
Antike, in Hellas und Rom war die Krankheit bekannt. Weitverbreitet
waren die Xerophthalmie und Keratomalazie in
neuerer Zeit bei Kindern in Dänemark, zur
Zeit des ersten Weltkrieges; die statt mit Voll-
milch und Butter, mit Magermilch und Mar-
garine aufgezogen wurden.

b) Durch die Arbeiten von STEENBOCK,
v. EULER, KARRER, KUHN, WINTERSTEIN u. a. war
der Weg für die Ermittlung der Konstitution
des Vitamin A beschritten worden; die von
KARRER, MORF und SCHÖPP aufgestellte Formel
des Vitamin A wurde durch HEILBRONN (1932)

$$\text{LXXXV}$$

bestätigt. HOMES und CORBETT konnten im Jahre 1937 Vitamin A in kristallisierter Form aus Fischleber gewinnen.

Die Bruttoformel wird durch $C_{20}H_{29}OH$ wiedergegeben; das Molekulargewicht beträgt 286. Die Strukturformel, wie sie von KARRER 1931 aufgefunden wurde, konnte schließlich durch

c) die Synthese von Seiten ISLER, HUBER, RONCO und KOFLER (1947) endgültig bestätigt werden (LXXXIV). Vitamin A ist somit nach der rationellen
Nomenklatur als All-trans-3, 7-dimethyl-9-(2′, 6′, 6′-trimethyl-1′-cyclohexen-
1′-yl)-2, 4, 6, 8-nonatetraen-1-ol zu bezeichnen.

Etwa um die gleiche Zeit konnten AHRENS und VAN-DORP (1946) sowie
KARRER, JUCKER und SCHICK (1946) die Synthese von Vitamin-A-säure be-
kanntgegeben. Wesentliche Teilstücke des Vitamin-A-Moleküls stellen
das β-Jonongerüst (LXXXV), ferner die Isoprenreste des Polyenteiles

als auch die endständige alkoholische Hydroxygruppe dar. Die Konstitution des Vitamin-A-Moleküls wurde nicht nur durch Synthesen, sondern auch durch systematische Abbaureaktionen sichergestellt (Kuhn und Brockmann 1952).

Bezüglich des natürlichen Vorkommens von Vitamin A ist zu sagen, daß sich dieses nur in Produkten tierischer Herkunft vorfindet, während die pflanzlichen Materialien es nur in Gestalt der Provitamine A, den Carotinen, darbieten. Das wichtigste Provitamin A ist das β-Carotin, welches in seiner Zusammensetzung der Summenformel $C_{40}H_{56}$ entspricht. Es handelt sich somit um einen hochungesättigten Kohlenwasserstoff; wie die Strukturformel (LXXXVI) zeigt, besitzt das Molekül streng symmetrischen Bau. Der

LXXXVI

Weg, auf dem in vivo die Aufspaltung von β-Carotin in zwei Moleküle A-Vitamin erfolgt, ist noch nicht völlig geklärt. Es scheint jedoch, daß β-Carotin, zumindest im Rattenversuch, bei zusätzlicher Verfütterung einer entsprechenden Menge E-Vitamin, das verabreichte β-Carotin quantitativ in Vitamin A umgewandelt wird (Kocha 1948). Als Umwandlungsort wird die Darmschleimhaut angesehen (Glover, Goodwin und Morton 1947), 1949). Das von Baxter und Robeson (1942) erhaltene kristallisierte Vitamin A besitzt einen Schmelzpunkt von 63—64°, das Absorptionsmaximum liegt bei 328 mμ (Äthanol). Blaßgelbe Kristalle, löslich in Ölen, organischen Lösungsmitteln, ferner Ameisensäureäthylester, unlöslich in Wasser, sehr licht- und luftempfindlich.

β-Carotin schmilzt bei 184—185°, die Absorptionsmaxima befinden sich bei 520, 485 und 451 mμ (in CS_2). Kardinalrote bis schwarzviolette Kristalle (aus einer Mischung Methanol/Petroläther), löslich auch in fetten Ölen, Chloroform und Benzol. Über die Verbreitung von Vitamin A und β-Carotin in der Natur unterrichten die Tabellen 15 und 16.

Provitaminwirkung besitzen neben dem β-Carotin noch α-Carotin, welches nur einen β-Jononring trägt — der zweite Jononring besitzt die Kohlenstoffdoppelbindung an anderer Stelle und schließlich weist das γ-Carotin ebenfalls nur einen β-Jononring auf, während der Ring am anderen Ende überhaupt geöffnet ist.

Tab. 15[1]. *Vorkommen von Vitamin A in tierischen Produkten.*

Fischlebertran von	Je 100 g : i. E. (1 Int. Einh. 0,3 γ Vit. A oder 0,344 γ Vit.-A-Acetat
Dorsch	20.000— 1,000.000
Seelachs	100.000— 300.000
Heilbutt	2,000.000—30,000.000
Thunfisch	3,400.000— 8,000.000
Walfisch	3,000.000— 5,000.000
Butter	1.000— 4.500
Milch	185— 320
Eigelb	2.300— 3.800
Kalbsleber	52.000—160.000
Schweineleber	12.000— 36.000

[1] Aus: Vitamine MERCK 1957, Seite 11 und 12.

Tab. 16[1]. *Vorkommen von Carotin in Pflanzen.*

Pflanze	mg%
Karotten	2,9—9,6
Spinat	5,6—6,5
Sellerieblätter	5,7—7,4
Getrocknete Aprikosen (Marillen) . .	5,1—5,5
Blattsalat	1,5—2,4

[1] Siehe Fußnote zu Tab. 15.

Aus diesem Grunde geben bei der fermentativen Aufspaltung nur das β-Carotin 2 Moleküle A-Vitamin, während α- und γ-Carotin jeweils nur deren eines geben.

d, e) Ob für die Ausübung der Stoffwechselaufgaben des A-Vitamins dieses mit Proteinen Komplexe bildet, ist noch nicht sicher festgestellt; es ist indes anzunehmen, daß dies der Fall ist, wenn man etwa zu dieser Fragestellung die Funktion des A-Vitamins beim Sehvorgang in Betracht zieht, denn bei nur kurzer Belichtung der Netzhaut zerfällt der Sehpurpur (Rhodopsin + Protein) in Protein und Sehgelb. Sehgelb ist aber mit dem Vitamin-A-Aldehyd (LXXXVII) identisch und im Dunkeln wird aus ihm wieder Sehpurpur zurückgebildet. Bei längerer Belichtung geht Sehgelb weiter in Vitamin A über. Diese Darstellung bezieht sich auf die Stäbchen der Netzhaut; aber auch bei den Zapfenzellen spielt das Vitamin A eine Rolle, denn das H e l l s e h e n wird durch das in den Zapfen enthaltene Jodopsin geregelt, nachdem es Bliss gelang, aus Jodopsin Vitamin-A-Aldehyd zu isolieren (Stepp-Kühnau-Schroeder 1952 [22]). Über diese Stoffwechselaufgaben hinausgehend, bestehen wichtige Wechselwirkungen mit den die Sexualhor-

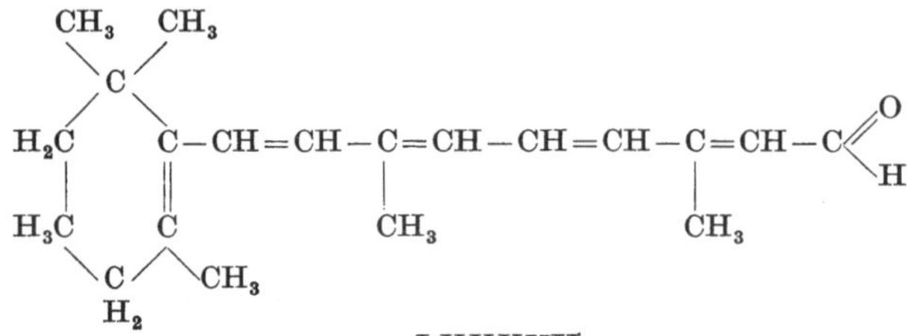

$$CH_3 \quad CH_3$$
$$H_2C \quad C-CH=CH-C=CH-CH=CH-C=CH-C {\raisebox{1ex}{$\diagup$} O \atop \raisebox{-1ex}{$\diagdown$} H}$$

LXXXVII

mone aufbauenden Drüsen des Körpers; dies bezieht sich im besonderen auf die Synthese der Androgene (Mayer und Truant 1949). Auch der biologische Aufbau des Glycins ist an die Gegenwart von Vitamin A gebunden. Tiere, die gegenüber den Kontrollen mit hinreichenden Mengen an Vitamin A versorgt wurden, zeigten einen verhältnismäßig hohen Gehalt in den Geweben an Purinen, mit anderen Worten: die Regenerationsfähigkeit der Zellen wird durch die Gegenwart von Vitamin A gefördert. Damit erscheinen die physiologischen Aufgaben des A-Vitamins an den Eiweißstoffwechsel geknüpft. Nach Befunden von v. Euler (Stepp-Kühnau-Schroeder 1952 [23]) führt ein Mangel an Vitamin A zu einem Anstieg der Brenztraubensäure im Blut; dieser kann verhindert werden durch große Vitamin-B_1-Dosen. Es besteht also ohne Zweifel ein Synergismus zwischen beiden Vitaminen in bezug auf den Kohlenhydratstoffwechsel.

Der in der Leber stets vorhandene Gleichgewichtszustand zwischen Vitamin A und β-Carotin erscheint bemerkenswert; für diese wechselweisen Umwandlungen zwischen dem Vitamin und dem Provitamin besteht die Möglichkeit, hierzu nicht nur in der Leber und der Thyreoidea, sondern auch im Lungengewebe (Blaxter 1957). Der Transport im Organismus erfolgt immer erst nach Veresterung und Hydrolyse am Ort des Bedarfes. Längerkettige Ester werden zunächst zu den kürzeren abgebaut und dann erst zum freien A-Vitamin verseift.

Bei der Aufnahme von Vitamin A und dessen Provitaminen werden diese an Proteine gebunden; so wurde gefunden, daß die Carotinoide an α- und β-Lipoproteine gebunden werden (Blaxter 1957).

f) Für den gesunden Erwachsenen wird der Tagesbedarf mit 4000 i. E. angegeben ($\cong$ 1,2 mg); in der Schwangerschaft und in der Stillzeit sowie bei Hyperthyreosen ist der Bedarf merkbar erhöht.

g) Entscheidend für die Vitaminwirksamkeit ist das Vorhandensein eines intakten β-Jononringes; am Ende der Polyenkette kann die Hydroxygruppe verestert oder veräthert sein. Wird die Hydroxygruppe $CH_2 \cdot OH$ durch Methyl ersetzt, so überrascht die Tatsache, daß auch diese Verbindung volle biologische Wirksamkeit besitzt (Karrer und Benz 1948), welche als Axerophthen bezeichnet wird. Entfernung der der Alkoholgruppe benachbarten Methylgruppe führt zu einem Gebilde mit nur 19 C-Atomen, welches indes wie Heilbronn (1948) fand, ebenfalls Vitamin-A-wirksam ist und den Namen

Norvitamin A führt. Von HEILBRONN stammen auch die Versuche der weiteren Abwandlung des Vitamin-A-Moleküls: Danach bleibt die Vitamin-A-Säure auch dann noch biologisch wirksam, wenn am β-Jononring die drei Methylgruppen durch Wasserstoff ersetzt werden und die Anzahl der Kohlenstoffatome im Molekül auf 17 herabgesetzt werden.

Das Lycopin, der wichtigste Farbstoff der Tomate, der Hagebutte und vieler anderer Früchte stellt ein Polyen von der Bruttoformel $C_{40}H_{56}$ vor, ist also isomer mit Carotin, aber biologisch inaktiv, weil die beim β-Carotin vorhandenen endständigen β-Jononringe geöffnet sind, während Xanthophyll, das in der Hauptsache den gelben Blattfarbstoff darstellt, ein Dioxy-β-Carotin ist mit den beiden in den β-Jononringen befindlichen Hydroxygruppen.

h) Die Ausblendung eines Vitamins aus dem Komplex aller notwendigen bedingt im physiologischen Geschehen eine Wirkungsänderung der verbliebenen Vitamine: Ein Vitamin-A-Mangel entspricht in großen Zügen einer Vitamin-D-Hypervitaminose; überdies darf ein Antagonismus auch zwischen Vitamin A und Vitamin C angenommen werden (v. EULER 1933). Nach Versuchen von STEPP (1952) kann eine im Tierexperiment durch erhöhte Verabreichung von Vitamin A gesetzte A-Hypervitaminose durch Vitamin-C-Gaben aufgehoben werden (vgl. auch MILKA 1947). Damit in Übereinstimmung steht der Befund, daß bei reichlicher Zufuhr von Vitamin A, dessen Anreicherung in der Leber durch gleichzeitige Zufütterung von Vitamin C gebremst wird (WENDT und SCHROEDER 1935).

Die Funktion des Vitamin A als direkter Antagonist des Thyroxins ist daran zu erkennen, daß eine Vitamin-A-Hypervitaminose durch Thyroxin glatt sistiert wird. Beim schweren Morbus Basedow mit erheblichen Grundumsatzsteigerungen konnte starke Erniedrigung oder sogar völliges Fehlen von Vitamin A im Serum festgestellt werden; daraus geht hervor, daß bei gesteigerter Thyroxinproduktion der Vitamin-A-Verbrauch und -Bedarf erhöht ist.

Bei derVitamin-E-Avitaminose hört die Speicherung des Vitamins A in der Leber der Ratte auf und ihr Bestand vermindert sich trotz weiterer Zufuhr von Vitamin A; man nimmt an, daß Vitamin E den fermentativen Abbau des Vitamin A hemmt (HICKMANN, KALEY, MARIAN und HARRIS 1944; GALEONE und SAN LORENZO 1948).

i) Vitaminabkömmlinge auf der Basis A, welche für die Therapie von Interesse wären, sind nicht bekanntgeworden.

j) PILLAT (1936, 1940, 1940 [1], 1940 [2]) ist die exakte Beschreibung der Vitamin-A-Mangelzustände zu danken; die Ursachen des Vitamin-A-Mangels sind überaus vielfältig: Erschöpfungszustände, Fieber, Infektionen, unzweckmäßige Ernährung, Resorptionsstörungen des Magen-Darm-Traktes infolge Infektionskrankheiten und schließlich ungenügende Speicherung in der Leber, etwa durch gleichzeitigen Vitamin-E-Mangel. Die Therapie mit Vitamin A wird bei allen Störungen des Sehvermögens, der Nachtblindheit, der Gastroenteritis, der Leberzirrhose, der Basedowschen Krankheitsbilder, wobei signifikante Besserung des Grundumsatzes bis zur Norm und erhebliche Gewichtszunahmen erzielt werden (FALTA 1936, 1936[1]; DIETRICH 1936;

ABELIN 1930, 1931, 1931[1], 1933, 1935, 1936). Ferner Leberschutztherapie mit Vit. A nach LINEWEH (1936), zur Behandlung von Nierensteinen (HIGGINS 1936), zur Apposition des Calciums bei den Zähnen, im Zusammenwirken mit Vitamin D (MELLANBY 1926, 1931, 1937) zur Erhöhung der allgemeinen Resistenz gegenüber Infekten (KÖNIG und LEBESTA 1935), bei Erkältungsbronchitiden sowie bei Asthma bronchiale (KRÜGER 1935), bei der Wundheilung sonst schwer beeinflußbarer Prozesse (WALB 1936), schließlich bei der Hypertension (BRUEL et LECOQ 1947, 1948).

Darüber hinaus wäre noch anzuführen, daß Carotin und Vitamin A die Entwicklung von Tumoren zu hemmen scheinen; VOLLMAR (1939) fand, daß geringe Vitamin-A-Dosen rasches Tumorwachstum erkennen lassen, während hohe Dosen eine deutliche Hemmung des Wachstums bewirken.

k), l), m) Wechselwirkungen des Vitamin A bestehen zum D-Vitamin (synergistische), ferner zum B_2-Vitamin beim Sehvorgang, weiters mit Vitamin C, das antagonistisch wirkt (v. EULER 1933, 1933[1], WENDT und SCHROEDER 1935). Die Beziehungen zum Thyroxin, zum Vitamin-B-Komplex wurden schon früher erörtert.

14. Die D-Vitamine

a) Die sogenannte „Englische Krankheit" oder Rachitis wurde erstmals im Jahre 1650 von dem Arzte GLISSON beschrieben; es bestehen Gründe für die Annahme, daß diese Erkrankung schon immer Menschen befallen hat, die unter bestimmten Bedingungen ihre ersten Lebensjahre verbrachten. Die erste Feststellung, daß die Rachitis eine Vitamin-Mangelkrankheit sei, geht auf McCOLLUMS und McLANBYS (vgl. STEPP-KÜHNAU-SCHROEDER 1957[9]) zurück. Für die schließliche Ermittlung der chemischen Struktur der D-Vitamine war einmal die Beobachtung HULDSCHINSKYS (1934) bedeutsam, wonach künstliche UV-Bestrahlung kindliche Rachitis zu heilen vermag; ferner die

Tab. 17[1]. *Vitamin-D-Gehalt verschiedener Nahrungsmittel in i. E. je 100 g.*

Nahrungsmittel	Vitamin-D-Gehalt
Heilbuttleberöl	200.000—400.000
Dorschleberöl	6.000— 30.000
Muscheln und Austern	5
Lachs	200—800
Verschiedene Speisepilze	80—125
Rinderleber	50
Schafsleber	20
Hühnerleber	60
Eidotter	150—500
Milch	2
Sahne	50
Butter	20—40
Käse	30

[1] Aus: MERCK-Vitamine 1957, S. 178.

Beobachtung, daß tierische und pflanzliche Gewebe nach UV-Bestrahlung Rachitis zu heilen vermögen (HESS und Mitarb. 1933). Die von den Arbeitskreisen um A. WINDAUS und H. WIELAND in langjährigen Untersuchungen ermittelte Struktur des Cholesterins, der Stammsubstanz der D-Vitamine, war die Voraussetzung zur Auffindung der Struktur der Vitamine und Provitamine D.

Bezüglich des Vorkommens der D-Vitamine ist zu sagen, daß sie sich in der Natur nicht allzu reichlich vorfinden; darüber gibt die Tabelle 17 Auskunft.

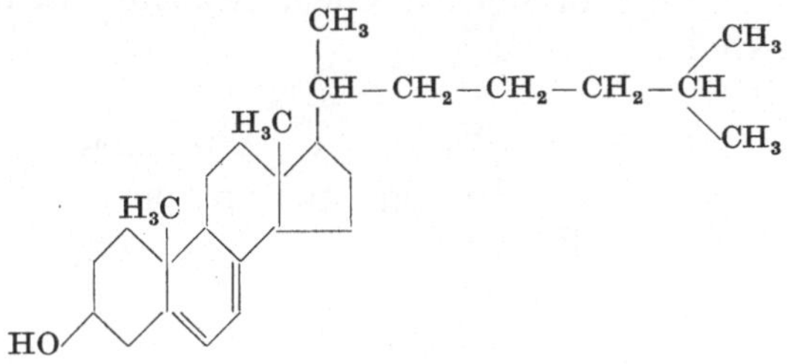

LXXXVIII

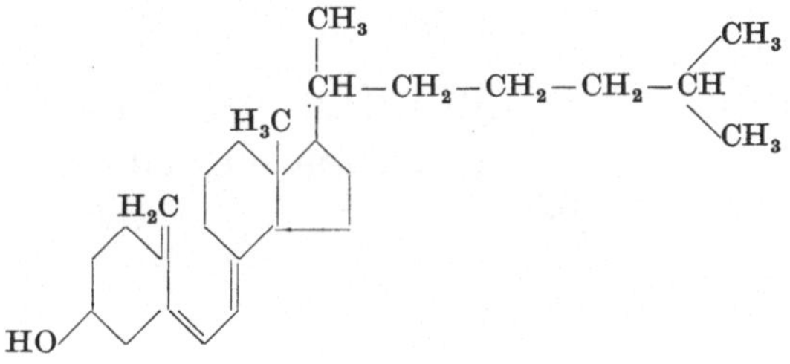

LXXXIX

Eine Internationale Einheit beträgt 0,025 γ kristallisiertes Vitamin D_3. Aus der Tabelle ergibt sich, daß die Fischleberöle die reichsten Vitamin-D-Quellen vorstellen, die wir kennen; durch das Räuchern der Fische wird der Vitamingehalt kaum beeinflußt. Mit Abstand folgen dann eine Reihe Nahrungsmittel tierischer Herkunft. Bei einer richtig zusammengesetzten Kost treten beim Erwachsenen kaum Vitamin-D-Mangelerscheinungen auf, zumal in der warmen Jahreszeit durch die Sonnenbestrahlung des Körpers das in der Haut befindliche Provitamin D_3 (7-Dehydrocholesterin) (LXXXVIII) hierbei in D_3-Vitamin übergeht und so zusätzliche Vitamin-D-Mengen zur Verfügung stehen (LXXXIX). Das hauptsächlich im Pflanzenreich vorkommende Provitamin D_2 (Ergosterin) (XC), so z. B. in Pilzen, dem Mutterkorn und in der Hefe enthalten, wird bei der Sonnenbestrahlung in analoger Weise durch Öffnung des mittleren Ringes des Perhydrophenanthrenskelettes in Vitamin D_2 (Ergocalciferol) (XCI), übergeführt. Die dabei durchlaufenen Reaktionszwischenstufen sind von WINDAUS und seiner Schule in allen Einzelheiten aufgeklärt worden (1930, 1930[1], 1931, 1932, 1933).

b), c) Nach diesen Erkenntnissen gibt es demnach zwei Provitamine D, die bei der photosynthetischen Umwandlung die für den Menschen wichtigen Vitamine D_2 und D_3 liefern (LXXXIX, XCI). Das Vitamin D_2 ist kristallisiert, schmilzt bei 115—119°, ist löslich in Aceton, Chloroform, Alkohol, Petroläther; durch küchenmäßige Kochprozesse wird es nicht zerstört, bei längerem Erhitzen auf 180° jedoch lagert es sich vollständig in eine dem D-Vitamin isomere biologisch unwirksame Form um. Vitamin D_2 hat folgende Synonyma: Ergocalciferol, Calciferol, antirachitisches Vitamin.

Vitamin D_3 (Cholecalciferol, antirachitisches Vitamin, aktiviertes 7-Dehydrocholesterin, natürliches Vitamin D) bildet farblose Kristalle vom Schmelzpunkt 84—88°, die in Fetten, Ölen, Alkohol, Äther, Chloroform, Petroläther löslich sind.

XC

XCI

Eine Molekülverbindung des D_3-Vitamins mit Cholesterin, das sogenannte „Vitamin-D_3-Cholesterin", besitzt gegenüber dem reinen Vitamin eine erhöhte chemische Stabilität; auf die Gewichtseinheit bezogen, hat es plausiblerweise nur die halbe Wirksamkeit des reinen Vitamins. Diese Verbindung schmilzt bei 117—121°; die Schmelzpunkte sind nicht scharf, eine Tatsache, die mit der Struktur dieser Moleküle zusammenhängt. Durch Veresterung der freien Hydroxygruppe in den Vitaminen D_2 und D_3 mit z. B. organischen Säuren wird deren Beständigkeit ebenfalls erhöht. Nach Scorr und Mitarb. (1949) bildet sich das Provitamin D_3, also das 7-Dehydrocholesterin, im Darm der Tiere durch Dehydrierung von Cholesterin.

d) Ob die D-Vitamine den Charakter von Cofermenten besitzen, kann zur Zeit nicht gesagt werden; dafür spricht, daß es für die D-Vitamine Depotstellen, wie die Leber gibt.

e) Die D-Vitamine haben im Calcium- und Phosphorstoffwechsel mehrere Aufgaben: 1. Die Resorption des Calciums und anorganischem Phosphat zu fördern; 2. greifen die Vitamine in spezifischer Weise in den Verkalkungsprozeß der Knochensubstanz ein; 3. aktivieren sie die alkalische Phosphatase in Darm, Nieren und Knochen und beseitigen die bei der Rachitis bestehende Phosphatasehemmung; 4. ändern sie die Rückresorption der Phosphate in positivem oder negativem Sinne, je nach der Menge des angewandten Vitamins; 5. erhöhen sie den Citratspiegel des Blutes und beseitigen 6. die Aminosäureausscheidung im Harn und andere tubuläre Störungen.

Da bei der Rachitis der Knorpel unfähig ist, Brenztraubensäure zu oxydieren, wird angenommen, daß dies ein signifikantes Merkmal der Rachitis darstellt (TULPULE 1954).

f) Der Tagesbedarf des gesunden Erwachsenen wird mit $10-20\,\gamma$ ($= 400-800$ i. E.) angenommen, doch scheint die Menge von der Größe an aufgenommenem Phosphat und Calcium abhängig zu sein; in der Schwangerschaft, während der Wachstumsperiode und bei Infekten ist der Bedarf deutlich erhöht.

g) Für die biologische Aktivität ist die Lage der Doppelbindungen im Steringerüst sowie die endverzweigte Seitenkette erforderlich.

i) Derivate der D-Vitamine können nur insoferne von Bedeutung sein, als etwa eine Veresterung der Hydroxygruppe mit Säuren wie Phosphoroder Bernsteinsäure erfolgt; weiterreichende Eingriffe in die Struktur des Moleküls sind nicht möglich, ohne die biologische Aktivität zu beeinträchtigen.

j) Die Therapie mit D-Vitaminen nimmt einen breiten Raum in der Klinik ein; am längsten bewährt ist der Einsatz der D-Vitamine bei der kindlichen Rachitis, deren Hauptursachen entweder in einer ungenügenden Zufuhr an D-Vitamin oder in einer unzureichenden Besonnung zu erblicken sind. Verhütung und Behandlung der Rachitis erfolgen daher heute routinemäßig. Spasmophilie und Tetanie, Osteomalacie, renale und enterogene Rachitis stellen weitere Indikationsgebiete dar (STEPP-KÜHNAU-SCHROEDER 1957 [10]).

k), l), m) Wechselwirkungen der D-Vitamine bestehen mit dem Vitamin A, und zwar wirkt letzteres synergistisch auf die D-Vitamine; da aber Vitamin A als Antagonist des Thyroxins erkannt ist, steht somit auch D-Vitamin mit Thyroxin mittelbar in Wechselwirkung (vgl. dazu 13. Kap., Abschnitt h).

15. E-Vitamin, Tocopherole, Antisterilitätsvitamin

a) Schon seit dem Jahre 1922 hat man durch die Beobachtungen von EVANS davon Kenntnis, daß für den normalen Verlauf der Schwangerschaft bei Ratten ein im Öl von Pflanzensamen (z. B. Weizenkeimöl) vorkommender fettlöslicher Faktor erforderlich ist. EVANS und BURR gelang eine Methode auszuarbeiten, die es erlaubt, einen Einblick in die Wirkungsweise des E-Vitamins zu gewinnen. Dieser für die Fortpflanzung wichtige Faktor erhielt von SURE (1923) die schon vorhin gebrauchte Bezeichnung E-Vitamin.

b) Im Jahre 1936 gelang EVANS und Mitarb. die Reindarstellung des Vitamin E. Die beiden isomeren Stoffe, aus denen sich das natürliche Vitamin E zusammensetzt, werden als α- und γ-Tocopherol bezeichnet (TODD, BERGEL und Work 1937). Kurze Zeit hernach wurde von Fernholz (1938) die Konstitution der E-Vitamin-Molekel ermittelt und die erste gelungene Synthese teilte Karrer 1938 mit und kurze Zeit darauf konnte Todd mit seinen Mitarbeitern eine weitere Synthese bekanntgeben (Bergel, Copping, Jacob, Todd und Work 1938). *α*-Tocopherol ist in tierischen und pflanzlichen Nahrungsmitteln weitverbreitet, wenn auch meist nur in geringen Mengen; Einzelheiten darüber können aus der Tabelle 18 entnommen werden:

Tab. 18[1]. *mg Tocopherol in 100 g Nahrungsmitteln.*

	mg Tocopherol in 100 g Nahrungsmittel
Weizenkeimöl	150—520
Palmöl	110
Maisöl	250
Sojaöl	100—120
Olivenöl	3—8
Brotmehl	1,4—2,1
Reisstärke, ungeschält	2,9
Mais	10
Weizen	20—30
Hafer	60
Verschiedene Gemüse	1,7—8,0
Kopfsalat	9—35
Butter	2,1—3,3
Milch	0,02—0,15
Käse	0,3—0,6

[1] Merck-Vitamine 1957, S. 194.

c) Karrer, Fritzsche, Ringier und Salomon l. c. erhielten bei der Kondensation von Trimethylhydrochinon mit Phytylbromid ein Gemisch von Diastereomeren, welches aus 8 Komponenten bestand. Außerdem konnten neben dem *α*-Tocopherol noch die *β*-, *γ*- und *δ*-Verbindung synthetisiert werden, welche folgenden Konfigurationen entsprechen:

α-Tocopherol . . . . = 5, 7, 8-Trimethyltocol (XCII),
β-Tocopherol . . . . = 5,8-Dimethyltocol John u. Mit. 1938, 1938[1]),
γ-Tocopherol 7, 8-Dimethyltocol,
δ-Tocopherol 8-Methyltocol;

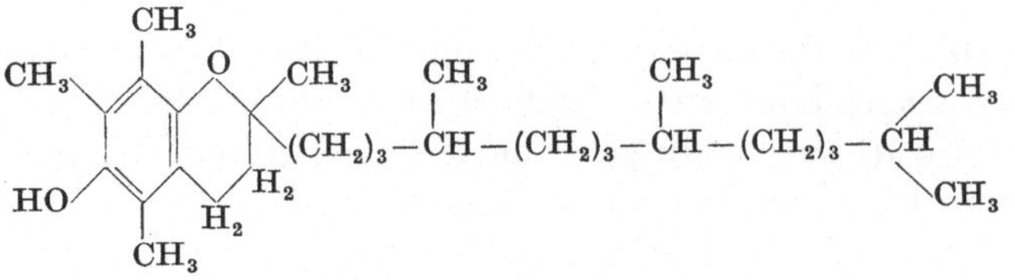

$$CH_3\text{—}\dots\text{—}(CH_2)_3\text{—}CH\text{—}(CH_2)_3\text{—}CH\text{—}(CH_2)_3\text{—}CH(CH_3)_2$$

XCII

darüber hinaus sind in den letzten Jahren noch drei weitere Tocole in der Natur aufgefunden worden, und zwar:

ε-Tocopherol . . . . 5-Methyltocol (EGGITT und NORRIS 1955; EGGITT und WARD 1955),

ξ-Tocopherol . . . . 5, 7-Dimethyltocol (GREEN, MARCIN-KIEWICZ und WATT 1955),

η-Tocopherol . . . . 7-Methyltocol (GREEN, MARCINKIEWICZ 1956).

Bei diesen Formen handelt es sich somit z. T. um zwei isomere Monomethyltocole und um ein zum γ-Methyltocol stellungsisomeres System. Über die Zusammenhänge zwischen Konstitution und biologischer Wirksamkeit vgl. Abschnitt g); natürliches Tocopherol ist optisch aktiv, und zwar rechtsdrehend, stellt ein blaßgelbes viskoses Öl dar, dessen Allophanat bei 161° schmilzt, während das nach KARRER erhältliche synthetische Produkt ein Allophanat liefert, dessen Schmelzpunkt bei 172° liegt, was verständlich ist, da es sich hierbei um ein Gemisch stereomerer Formen handelt. In Form des Essigsäureesters kann das Tocopherol im Hochvakuum unzersetzt destilliert werden. In dieser Form wird das Tocopherol meist in der Therapie verwendet; auch wird durch die Acetylierung des Moleküls gleichzeitig seine Resistenz gegenüber Luftsauerstoff erhöht.

d) Die Frage nach einer biologischen Wirkform des α-Tocopherols hat durch die Beobachtungen von BOUMAN und SLATER (1956) eine gewisse Wahrscheinlichkeit erhalten, so daß man dem α-Tocopherol die Funktionen eines Cofermentes beimessen kann; vermutlich als Tocopheroxyd wird es an Protein gebunden, wobei man es in einer Konzentration von 1,1 Mikromol/g Eiweiß auffindet. Auch im Blutplasma findet es sich an Eiweiß gebunden. α-Tocopherol ist aber auch Bestandteil des Prostata-Agglutinins (LINDAHL, KIHLSTRÖM 1954).

e) Viele Befunde aus der letzten Zeit deuten darauf hin, daß α-Tocopherol eine wesentliche Rolle im Bereich energieliefernder Prozesse der Zellatmung spielt und als integrierendes Glied des nichtphosphorylierenden Teils der Atmungsketten von Wichtigkeit ist (STEPP-KÜHNAU-SCHROEDER 1957 [11]). Wenn auch die genaue Einordnung in der Wasserstoff-übertragenden Atmungskette noch nicht klar ist, so scheint es, vom Substrat aus gezählt, hinter den Codehydrasen, vor oder neben den Flavinenzymen zu stehen. Daneben wird allgemein angenommen, daß α-Tocopherol an der Synthese energiereicher Phosphatbindungen beteiligt ist (BECKMANN 1956). Als besonders wichtige Wirkung des E-Vitamins werden seine antioxydativen Effekte gewertet: Dadurch setze das Vitamin den Grundumsatz der Gewebe herab, schütze die leicht oxydablen A-Vitamin-Moleküle sowie β-Carotin vor Oxydation und Zerstörung. Im Tierversuch kann diese Wirkung zum Beispiel durch Methylenblau substituiert werden.

Als Angriffspunkt des α-Tocopherols wird das diencephal-hypophysäre Zentrum angenommen und α-Tocopherol als Regulator der Hypophysen-Funktion bezeichnet. Darüber hinaus wird dem Vitamin über die Hypophyse eine Beteiligung am Kohlenhydratstoffwechsel zugeschrieben. Ferner hat sich ergeben, daß bei Vitamin-E-Mangel eine Erniedrigung der Einbaurate an Formiat, Phosphor und Guanylsäure in Nucleinsäuren statthatt. Die spontane Hämolyse von Rattenerythrocyten wird auf einen akuten Vitamin-E-Mangel zurückgeführt (Blaxter 1957).

f) Der Tagesbedarf wird für den gesunden Erwachsenen mit 10—25 mg α-Tocopherol angegeben; im Alter, in der Schwangerschaft und bei fettreicher Ernährung ist der Bedarf erhöht.

g) Die Vitaminwirksamkeit scheint an die intakte Phytylseitenkette gebunden zu sein, wenngleich die isoprenoide Struktur dieser Seitenkette nicht unbedingt erforderlich zu sein scheint, da John und Mitarb. (1942) zeigen konnten, daß die Einführung eines Cetylrestes an Stelle des Phytolrestes keine Wirkungsminderung ergibt. Die konstitutiven Bedingungen für die Erhaltung echter Vitamin-E-Wirksamkeit lassen sich durch folgende Strukturelemente darlegen: Das C-Atom 2 des Chromanringes muß zwei Substituenten tragen, und zwar eine kurze und eine längere aliphatische Kohlenwasserstoffkette; der kurzkettige Teil kann Methyl, Äthyl oder Propyl sein, der benzoide Ring muß an den Stellen 5, 7 und 8 mindestens eine, am besten aber drei Methylgruppen tragen; die Stellung 6 des benzoiden Gerüstes muß durch Hydroxyl oder durch eine Aminogruppe besetzt sein. Indes, die optimalen biologischen Funktionen übt die Trimethyltocolverbindung aus (Stepp-Kühnau-Schroeder 1957 [12]). Zahlreiche Stoffe zeigen in höherer Dosierung einen positiven Sterilitätsverhütungstest, weisen also Vitamin-E-Wirkungen auf; in der folgenden Tabelle sind einige von diesen Stoffen verzeichnet:

Tab. 19. *Von Stoffen [1], die in hoher Dosierung unspezifische Vitamin-E-Wirkung besitzen*

2, 2-Dinormalbutylchroman	Pseudocumohydrochinon, seine Ester und Äther
2, 3, 7-Trimethylcumaran	
2-Allylphenol	2, 3-Dimethyl-1, 4 . dioxy-5, 6, 7, 8-tetra-
2, 3-Dimethylhydrochinon	hydronaphthalin-n-dodecyläther

[1] Aus Stepp-Kühnau-Schroeder, Die Vitamine, 1957, Seite 716.

Wie schwierig eine widerspruchslose Deutung der Stoffwechselaufgaben im Zusammenhang mit der Struktur der Tocole ist, geht zum Beispiel daraus hervor, daß die biologische Wirksamkeit der Tocole nicht symbat geht mit deren antioxydativen Eigenschaften, wie dies die untenstehende Gegenüberstellung zeigt:

$$\text{Sterilitätsverhütungstest } \alpha \rangle \beta \gg \gamma \rangle \delta$$
$$\text{Antioxydative Wirkung } \delta \rangle \gamma \geq \beta \rangle \alpha \quad \text{(Moore 1946).}$$

h) Zu den Stoffen, die ausgesprochene Antagonisten des E-Vitamins vorstellen, sind Triphenylphosphat und Triorthokresylphosphat zu zählen; bemerkenswert ist, daß das zu beobachtende Absterben des Fötus beim Rattenweibchen nach Verabfolgung von Trikresylphosphat verhindert wird, wenn mit dem Trikresylphosphat gleichzeitig E-Vitamin verabreicht wird.

Die Wirkungen des 2, 2-Dimethylcumarins und auch anderer Stoffe auf Fische (auftretende Lähmungen) werden auf eine Verdrängung des E-Vitamins von seinen biologischen Angriffspunkten zurückgeführt (BECKMANN 1956). Die durch die genannten Vitamin-E-Antagonisten bewirkten Stoffwechselstörungen gleichen im Endeffekt einer primären Vitamin-E-Avitaminose (Störung der Fortpflanzungsfunktion, Muskeldystrophie, zentralnervöse Symptome, Leberschäden, Magenulzera).

i) Vitamin-E-Derivate haben insoferne in die Therapie Eingang gefunden, als etwa das Azetat des Tocopherols sowie das Succinat gegenüber dem Luftsauerstoff beständiger sind.

j) Die Therapie mit Vitamin E findet ein ausgedehntes Indikationsgebiet vor, wie diencephal-hypophysäre Regulationsstörungen, periphere Gefäßstörungen, Angina pectoris, Magenulzera, essentielle Hypertonie, in der Pädiatrie zur Steigerung von Appetit und Körpergewicht, in der Gynäkologie bei klimakterischen Beschwerden, bei habituellem und drohendem Abort usw., schließlich in der Dermatologie bei Psoriasis, Akne vulgaris und dgl.

k), l), m) Die Beziehungen des α-Tocopherols zu anderen Vitaminen und Wirkstoffen sind äußerst mannigfaltig, und zwar einmal wegen bestehenden konstitutionellen Ähnlichkeiten vor allem mit Vitamin K (vgl. 16. Kapitel) und bis zu einem gewissen Grade auch mit dem Vitamin A. Darüber hinaus wegen übereinstimmender Teilaufgaben, vor allem der lipotropen Wirkungen, bestehen enge Beziehungen zu Mesoinosit und Cholin, und schließlich auch wegen der Beteiligung des E-Vitamins bei der Bildung energiereicher Phosphatbindungen ergeben sich Brücken zum Vitamin K_1 (BECKMANN l. c.). BECKMANN konnte beobachten, daß bei der Muskeldystrophie neben dem E-Vitamin und Mesoinosit die gleichzeitige Verabreichung eines Multivitaminpräparates von größtem Nutzen ist.

Die bei alten Hühnern erzeugten atheromatösen Veränderungen an der Aorta infolge Cholesterinfütterung lassen sich nach WEITZEL (1956) mittels E-Vitamin weitgehend zur Remission bringen. BECKMANN und MENNE (1956) meinen, daß Vitamin E möglicherweise in Verbindung mit Mesoinosit oder Cholin am Aufbau des Cofermentteiles im Kreatin-aufbauenden Ferment beteiligt ist, so daß die bei Vitamin-E-Mangel auftretende Muskeldystrophie erklärlich wird. Die Dinge sind aber noch voll im Flusse, so daß weitere Erkenntnisse in dieser Frage zu erwarten sind.

16. K-Vitamin (= Koagulationsvitamin), Antihämorrhagisches Vitamin, Phyllochinon

a) Erste Beobachtungen über die Existenz eines Faktors, welcher bei seinem Fehlen im Gewebe ausgedehnte Blutungen bewirkt, sind DAM (1929) zu danken. Damit war der Nachweis erbracht, daß dieses Krankheitsbild durch das Fehlen eines maßgeblichen Diätfaktors verursacht ist. Dieser Stoff wurde wegen seiner gerinnungsfördernden Eigenschaften als „Koagulationsvitamin" oder kurz K-Vitamin bezeichnet, wenngleich sich später zeigte, daß es in der Natur zwei analoge Strukturen mit K-Vitamincharakter gibt; die eine Form, die als K_1-Vitamin bezeichnet wird, findet sich in grünen Gemüsen, wie Spinat, Luzerne, in Kartoffeln, Pflanzenölen und Leber, während die andere Variante, die als K_2-Vitamin bezeichnet wird, erstmals in faulendem Fischmehl aufgefunden wurde (McKee, Binkley, McCorquodale, Thayer und Doisy 1939). Binkley, McCorquodale, Thayer und Doisy (1939) konnten diese Verbindung auch aus Alphalphaheu isolieren.

b), c) K_1-Vitamin besitzt die Summenformel $C_{31}H_{46}O_2$ und seine Strukturformel entspricht nach Doisy und Mitarb. einem 2-Methyl-3-phytyl-1, 4-naphthochinon (XCIII). Eine Synthese des K_1-Vitamins, welche ihren Ausgang von 2-Methyl-1, 4-naphthochinon nimmt und mit Hilfe von Phytylbromid und Zinkchlorid den Phytylrest in das Molekül einzuführen erlaubt, stammt ebenfalls von Doisy und Mitarb. (McCorquodale, Cheney, Binkley, Halcomb, McKee, Thayer und Doisy 1939) und ähnelt im Prinzip der von Karrer stammenden Synthese des E-Vitamins, wobei Trimethylhydrochinon in Gegenwart von wasserfreiem Zinkchlorid mit Phytylbromid kondensiert wird (Karrer und Mitarb. 1938).

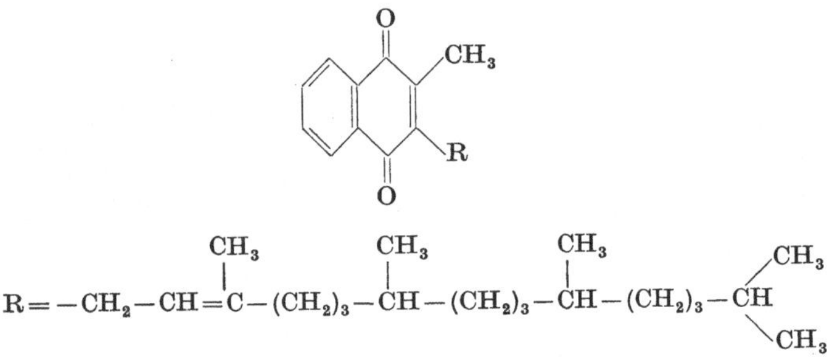

$$R = -CH_2-CH=\overset{\overset{\displaystyle CH_3}{|}}{C}-(CH_2)_3-\overset{\overset{\displaystyle CH_3}{|}}{CH}-(CH_2)_3-\overset{\overset{\displaystyle CH_3}{|}}{CH}-(CH_2)_3-CH\overset{\nearrow CH_3}{\underset{\searrow CH_3}{}}$$

XCIII

Das Vitamin K_1 stellt ein hellgelbes, bei tiefen Temperaturen kristallin erstarrendes Öl vor, das im Hochvakuum bei 130—140° C unzersetzt destillierbar ist; in Wasser ist es unlöslich, in Alkohol schwer, leicht in Fettlösungsmitteln (Benzin, Benzol, Äther u. a.). Vitamin K_1 ist sehr lichtempfindlich.

K_2-Vitamin stellt chemisch 2-Methyl-3-farnesyl-1, 4-naphthochinon dar; es wird zum Unterschied von K_1-Vitamin auch β-Phyllochinon genannt. Die Verbindung bildet hellgelbe Kristalle, die bei 53—54° C schmelzen. Ihre biologische Wirksamkeit beträgt etwa 60% vom α-Phyllochinon.

Weitere Vitamin-K-aktive Formen sind z. B. in Mycobakterien, vor allem im Tuberkelbazillus enthalten. Über diese Formen hinausgehend hat sich gezeigt, daß im sogenannten K_3-Vitamin, das sich vom α-Phyllochinon durch das Fehlen des Phytylrestes unterscheidet, somit einfach als β-Methylnaphthochinon anzusprechen ist, im Hinblick auf die antihämorrhagische Wirksamkeit sowohl K_2- als auch K_1-Vitamin übertrifft. Nun beruht die Vitamin-K-Wirksamkeit nicht allein auf dem antihämorrhagischen Effekt, sondern auch auf wichtigen Aufgaben im Stoffwechsel, worüber später noch berichtet werden wird. Bezüglich der Darstellung ist zu sagen, daß die

Verbindung (K_3-Vitamin) bequem durch Oxydation von β-Methylnaphthalin mittels Chromsäure gewonnen werden kann (MARTIN und SWAYNE 1949).

d) Die Coenzymfunktion des K_1-Vitaminmoleküls kann schon aus der Tatsache der geringen Menge an Vitamin gedeutet werden, welche zur normalen Prothrombinsynthese erforderlich ist; diese fragliche Menge beträgt beim Hund etwa 9 γ/kg, um die notwendige Menge an Prothrombin und Faktor VII sicherzustellen (QUICK, COLLENTINE 1950, 1951, 1951 [1]), während unter Verwendung von K_3-Vitamin in einer Menge von 70 γ/kg bloß 40% der erforderlichen Gerinnungsfaktoren erzeugt werden. Indes, um zur Coenzymfunktion des K_1-Vitamins zurückzukehren, ist zu sagen, daß die Struktur des zugehörigen Apoenzyms nicht bekannt ist.

e) Hauptangriffspunkt der Vitamin-K_1-Wirkung liegt in dem komplizierten Vorgang der Blutgerinnung; neuere Untersuchungen deuten jedoch auch auf eine extrahepathische Lokalisation hin (JÜRGENS und STÄDER 1952). Darüber hinaus erscheint das K_1-Vitamin an der Atmungskettenphosphorylierung (Bildung energiereicher Phosphate) beteiligt und mithin als Brückenglied zwischen Atmung und Phosphorylierung (MARTIUS und NITZ-LITZOW 1953, 1954).

Gestützt wird dieser Befund auch durch die chinoide Struktur des K-Vitamins und der damit in Zusammenhang stehenden Redoxpotentiale, wie sie in der nachstehenden Tabelle zusammengestellt sind:

Tabelle 20 [1]

Substanz	E_0 bei pH 0	Temperatur
α-Phyllochinon	0,363	20°
β-Phyllochinon	0,328	22°
2-Methyl-1, 4-naphthochinon	0,422	25°
2-Methyl-1, 4-naphthochinon	0,458	28°
1, 4-Naphthochinon	0,484	

[1] Aus: VOGEL-KNOBLOCH, Chemie und Technik der Vitamine, I. Bd., S. 324 (1950).

Wie aus dieser Tabelle hervorgeht, zeigen die Potentiale keinen signifikanten Gang; ein solcher könnte sich aber bei der Messung der hypothetische Protein und Chinon enthaltenden Fermente ergeben. Wenn es nun sehr selten vorkommt, daß die Stoffwechselfunktionen des K_1-Vitamins in bezug auf die oxydative Phosphorylierung ausfallen, hat dies seinen Grund darin, daß das Vitamin von den Darmbakterien in reichlicher Menge gebildet wird, wobei das Vitamin eben auch dem Wirtsorganismus zur Verfügung steht. Für die Resorption des durch Darmbakterien synthetisierten K-Vitamins ist die Mitwirkung der Galle unerläßlich (STEPP-KÜHNAU-SCHROEDER 1957 [13]).

Da die Placenta für die öllöslichen Vitamin-K-Formen (K_1 und K_2 sowie K_3) eine unübersteigbare Schranke vorstellt, sind Neugeborene hinsichtlich der Blutungsneigung besonders gefährdet; hingegen passieren wasserlösliche Formen des K-Vitamins, wie etwa die Natriumbisulfitverbindung des K_3-

6*

Vitamins (XCIV), die Placentaschranke und normalisieren die Gerinnungs-
zeit beim Neugeborenen. Die wasserlöslichen Formen des K_3-Vitamins
eignen sich daher besonders zur Prophylaxe ante partum (Stepp-Kühnau-
Schroeder 1957 [14]).

f) Der Tagesbedarf an Vitamin K ist im Hinblick auf die reichliche
Synthese dieses Stoffes durch die Darmbakterien schwer
anzugeben; er wird indes mit täglich 1 mg angenommen.

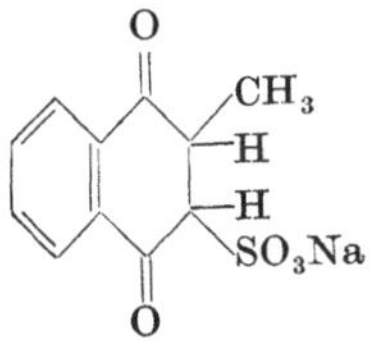

g) Auf den ersten Blick erscheint die Konstitutionsspezifität gering zu sein, denn das natürliche K_1-Vitamin
kann bezüglich der Normalisierung des Prothrombin-
spiegels durch das einfach gebaute K_3-Vitamin (2-Methyl-
1,4-naphthochinon) ersetzt werden, wenngleich letzteres
wesentlich toxischer als das natürliche erscheint. Die
folgende Tabelle gibt über die K-Vitaminaktivität verschiedener 1,4-Naphthochinonabkömmlinge Auskunft; aus der Tabelle geht
weiter hervor, daß auch andere Strukturen eine gewisse Aktivität besitzen.

XCIV

Tab. 21 [1]. *Vitamin-K-wirksame Verbindungen.*

Verbindung	Wirksamkeit, be-zogen auf $K_1 = 100$
Vitamin K_1	100
Vitamin-K_1-hydrochinondiacetat	50
Vitamin-K_1-hydrochinondiphosphat	2
2-Methyl-3-dihydrophytyl-1,4-naphthochinon	12,5
2-Methyl-3-dihydrophytyl-5,6,7,8-tetrahydro-1,4-naphthochinon	0,1
2-Methyl-3-farnesyl-1,4-naphthochinon	20
2-Methyl-1,4-naphthochinon	300
2,3-Dimethyl-1,4-naphthochinon	2
2-Methyl-5,8,9,10-tetrahydro-1,4-naphthochinon	12,5
2-Farnesyl-1,4-naphthochinon	0,2
1,2,4-Trioxyanthrachinon	1
2-Methyl-4-amino-1-naphthol-HCl	100
2-Methyl-1-naphthol	100
3-Methyl-1-naphthol	150
2,4-Dioxy-3-methylchroman	30

[1] Entnommen Stepp-Kühnau-Schroeder: Die Vitamine und ihre klinische Anwendung, II. Bd. (1957), S. 783—784. Verlag Enke.

h) Für das K-Vitamin gibt es zahlreiche Verbindungen mit aus-
sprochen antagonistischen Eigenschaften im Hinblick auf die Blutgerin-
nungszeit; ganz allgemein läßt sich sagen, daß solche Verbindungen im
großen und ganzen in struktureller Hinsicht dadurch gekennzeichnet sind,
daß der Naphthochinonring in den K-Vitaminen durch ein Cumarinsystem
und die β-ständige Methylgruppe durch einen weiteren Ring ersetzt erscheint. Da sind es besonders die Verbindungen 3,3'-Methylen-bis-(4-oxy-

cumarin) = Dicumarol (XCV) oder 3-(1'-Phenylpropyl)-4-oxycumarin = Marcumar und zahlreiche andere, die für die Therapie verschiedener Thrombosen von Bedeutung geworden sind.

i) Vitaminderivate. Hiezu kann etwa das 2-Methyl-1, 4-naphthochinon — das Menadion — gezählt werden, wovon namentlich die wasserlösliche Bisulfitverbindung wichtig geworden ist (XCIV), weil eine drohende Blutungsneigung mit der wasserlöslichen Form abgefangen werden kann.

j) Die Therapie mit K-Vitamin wird dann einzusetzen haben, wenn Blutungsgefahr besteht, sei es als Ergebnis eines Vitamin-K-Mangels nach längerer Sulfonamid- oder Antibiotikatherapie, sei es im Gefolge einer über einen längeren Zeitraum reichenden Medikation mit die Blutgerinnung verlängernden Stoffen (Vitamin-K-Antagonisten, Salicylsäuretherapie u. a.).

k), l), m) Die gerinnungsfördernde Wirkung des K-Vitamins stellt nur einen Teil der biologischen Gesamtaufgaben vor, nach denen dem K-Vitamin der Charakter eines Cofermentes ähnlich den Vitaminen des B-Komplexes zukommt; infolgedessen kommt ihm eine allgemeine, wachstumsfördernde Eigenschaft bei Bakterien, Pilzen und Grünalgen zu (WOOLLEY 1945; WOOLLEY und McCARTER 1940, VINET 1955). Durch die Verkettung mit den oxydativen Phosphorylierungen bestehen enge Beziehungen zu den Vitaminen des B-Komplexes sowie zum E-Vitamin.

Das synthetische Vitamin K_3 (2-Methyl-1, 4-naphthochinon) zeichnet sich gegenüber Bakterien, Pilzen, Hefen und Grünalgen durch seine Hemmwirkung auf den oxydativen Zuckerabbau bei den genannten Organismen aus, ist somit stark antibiotisch wirksam und zeigt beim Säuger seine gerinnungsfördernde Wirkung, obwohl das K_3-Vitamin die oxydative Phosphorylierung in der Leberzelle hemmt (MARTIUS und NITZ-LITZOW 1953, 1954). Somit erscheinen die Stoffwechselaufgaben des K_1-Vitamins eng verflochten mit jenen des B-Komplexes, wobei anscheinend die gerinnungsfördernden Eigenschaften mit den komplexen Stoffwechselleistungen einhergehen.

17. F-Vitamin, F-aktive Fettsäuren

a) Wenn auch von mancher Seite der Vitamincharakter der essentiellen Fettsäuren in Zweifel gezogen wird, so scheint aus dem Umstand allein, daß die biologisch notwendige Menge an diesen relativ gering ist und da diese Menge für den kalorischen Stoffwechsel zu vernachlässigen und die Vitaminfunktion der essentiellen Fettsäuren sehr wahrscheinlich gemacht ist. Die erste Beobachtung des Auftretens von Dermatitiden bei Ratten als Folge einer Mangelkost an bestimmten Fetten, geht auf BURR und BURR (1929) zurück. Diese Mangelsymptome, die sich bei der Ratte durch eine Degeneration des Schwanzes, des sogenannten „Schachtelhalmschwanzes", zu erkennen gibt, ähneln also bis zu einem gewissen Grade Avitamosen.

b) Bei den essentiellen Fettsäuren handelt es sich um Carbonsäuren der C_{18}- und C_{20}-Reihe, mit 2, 3 und 4 Kohlenstoffdoppelbindungen; im einzelnen sind dies die Linol-, die Linolen- und die Arachidonsäure, letztere mit 20 Kohlenstoffatomen und 4 Kohlenstoffdoppelbindungen. Natürliche Quellen dieser Säuren sind zum Teil die pflanzlichen Öle (Linol- und Linolensäure) sowie tierische Phosphatide (Arachidonsäure). Die natürlichen Quellen für die Linolsäure sind in der Tabelle 22 übersichtlich angeführt.

Tabelle 22[1]

Nahrungsmittel	% Linolsäuren der Gesamtfettsäuren
Walnußöl	63—65
Mohnöl	62—64
Sonnenblumenöl	52—64
Maisöl	41—60
Sojaöl	52—55
Traubenkernöl	39—55
Baumwollsamenöl	42—54
Leinsamenöl	18—50
Sesamöl	37—46
Bucheckernöl	35—45
Rapsöl	11—29
Arachidöl	7—27
Hühnerfett	17—22
Eierfett	10—19
Speck	7—10
Olivenöl	4—14
Rindertalg	3—4
Butter	0—6
Kokosfett	1—2,6

[1] Vogel-Knobloch, 1. Bd. 343 (1950).

Vom Standpunkt der organischen Chemie entspricht die Linolsäure einer 9.12-Oktadekadiensäure (XCVI), die Linolensäure der 9, 12, 15-Oktadeka-

$$CH_3-(CH_2)_4-CH=CH-CH_2-CH=CH-(CH_2)_7-COOH$$

XCVI

$$CH_3-CH_2-CH=CH-CH_2-CH=CH-CH_2-CH=CH-(CH_2)_7-COOH$$

XCVII

$$CH_3-(CH_2)_4-CH=CH-CH_2-CH=CH-CH_2-CH=CH-CH_2-CH=$$
$$=CH-(CH_2)_3-COOH$$

XCVIII

triensäure (XCVII) und die Arachidonsäure der 5, 8, 11, 14-Eikosantetraensäure (XCVIII); die beiden zuerst genannten enthalten je 18 Kohlenstoffatome, letztere 20.

c) Bezüglich der Darstellung dieser Säuren können mehrere Methoden in Betracht kommen: Fraktionierte Kristallisation der Fettsäureester bei tiefen Temperaturen, ferner über die gut kristallisierenden Bromadditionsprodukte und schließlich Trennung der Lithiumsalze der Fettsäuregemische (VOGEL-KNOBLOCH 1950). Auch Totalsynthesen der Fettsäuren stehen zur Verfügung; so konnte BAUDART (1946) eine Synthese der Linolsäure, von Phytol ausgehend, aufbauen.

d) Über allfällige biologisch wirksame Formen der F-aktiven Fettsäuren können zur Zeit noch keine Aussagen gemacht werden. Es ist aber anzunehmen, daß in Analogie zu den Funktionen der hochungesättigten Fettsäuren im Pflanzenreich, diese zweifellos auch im Tierkörper wichtige Stoffwechselaufgaben haben; LUBIMENKO hat schon 1921 aus *Aspidistra elatior* wässerige Lösungen von Chlorophyll erhalten, aus dessen Beständigkeit auch gegenüber hohen Kohlensäurekonzentrationen er folgerte, daß diese Lösungen das Chromogen an Protein gebunden enthalten. BAAS-BECKING (1935) nahm an, daß der Chromoproteinkomplex gleichzeitig noch mit Lipoiden vergesellschaftet ist. STOLL (1936) bezeichnet diesen Chromolipoproteinkomplex als Chloroplastin. Der Anteil an Lipoiden beträgt im Chloroplastin nach RABINOWITSCH (1945) 7—30%. ZIRM, PONGRATZ und POLESOFSKY (1955) haben den Lipoidanteil des Chloroplastins einer genaueren Untersuchung unterzogen und gefunden, daß der Lipoidanteil aus dem Chloroplastin des Efeus oder der *Urtica* erst nach Denaturierung des Chromolipoproteinkomplexes, etwa durch Behandlung mit Aceton, extrahierbar wird. Die verseifbaren Anteile bestehen im wesentlichen aus C_{18}-Säuren, welche einmal auf Grund der Jodzahlen (170—177) hochungesättigt sind und, wie das UV-Absorptionsspektrum zeigt, enthält dieses Fettsäuregemisch erhebliche Anteile an konjugiert-ungesättigten Trienen und Tetraenen.

Diese Befunde weisen darauf hin, daß es sich bei den fraglichen konjugiert ungesättigten Formen um Systeme der Eläostearin- und Parinarsäure handelt. Aus der ermittelten Zusammensetzung der Chloroplastine erhellt, daß diese hochungesättigten Fettsäuren mit Proteinen Komplexe zu bilden vermögen. Nach FREY-WYSSLING (1949) sowie nach WOLKEN und SCHWERTZ (1953) zeigen die Chloroplasten einen geregelten Aufbau: Danach wechseln Lipoid- und Proteinschichten ab, wobei das grüne Chromogen sowie Carotin in diesen Schichten angeordnet sind. Möglicherweise sind in den Erythrocyten der tierischen Organismen ähnliche Anordnungen zwischen Hämin, Globin und Lipiden gegeben.

e) Die essentiellen Fettsäuren scheinen bei der Resorption der Fette ganz allgemein eine Rolle zu spielen (LUZATTI und HANSEN 1944), ferner ließ sich ein günstiger Einfluß der F-aktiven Fettsäuren auf die Wundheilung feststellen (SCHNEIDER 1941). SMEDLEY, McLEAN und HUME (1941) nehmen an, daß die Arachidonsäure beim Neuaufbau der Gewebe benötigt wird. Anderseits scheint erwiesen, daß Linol- und Linolensäure zum Aufbau der Arachidonsäure im Organismus benutzt werden. Bei Fehlen der F-aktiven Fettsäuren in der Nahrung treten außerdem neuromuskuläre Störungen auf, welche LECOQ und Mitarb. (1947) beschrieben haben.

f) Der Tagesbedarf an essentiellen Fettsäuren ist schwer anzugeben, da die Tocopherole auf diesen Bedarf eine Sparwirkung ausüben; indes bei Ratten werden täglich etwa 14 mg Arachidonsäure benötigt bzw. für Linolsäure Werte zwischen 25 und 100 mg.

g) Karrer, Epprecht und Koenig (1940) sowie Karrer und Koenig (1943) untersuchten am Tier den Einfluß von Verzweigungen in der Kohlenstoffkette dieser Fettsäuren. Es ergab sich, daß die 2, 6-Phytadiensäure der Summenformel $C_{20}H_{39}O_2$, also eine Fettsäure mit 2 Kohlenstoffdoppelbindungen, 20 Kohlenstoffatomen und Verzweigungen in der Kette nach Art des Isoprens, im biologischen Versuch unwirksam war. Der Befund derselben Autoren, wonach auch die 9, 11-Oktadekadienfettsäure, mithin die konjugierte Linolsäure, ebenfals unwirksam sei, steht in Gegensatz zu den Beobachtungen von Grandel (1938), wonach diese Säure überhaupt erst die biologisch wirksame Form und die Linolsäure nur eine Vorstufe dazu sei. Halden und Schauenstein (1943) fanden in verschiedenen Nahrungsmitteln, wie Lebertran, Sojaöl, Kokosfett und Schweineschmalz, gewisse Gehalte an konjugiert-ungesättigten Fettsäuren. Eine weitere Komplikation dieser Fragestellung ergibt sich durch die Befunde von Holman (1951), wonach als eigentliche Träger der F-Aktivität in Übereinstimmung mit Grandel die cis-Formen der konjugiert-ungesättigten Säuren in Frage kommen.

j) Fragelos bewirken die F-aktiven Fettsäuren signifikante Heilungen beim Milchschorf der Kleinkinder, bei der Psoriasis, beim seborrhoischen Ekzem als auch bei der Furunkulose. Die genannten Krankheitsbilder gehen nach Zirm, Axenfeldt und Schauenstein mit einer Hypokonjuenämie einher (1952). Nach Schauenstein und Schatz (1959) bilden die besprochenen mehrfach ungesättigten Fettsäuren bei der Emulgierung mit Wasser in Gegenwart von Sauerstoff wasserlösliche Produkte, welche z. B. den aeroben Glykogenabbau der Rattenleber um 60 bzw. 30 % hemmen; die biologische Bedeutung dieses Befundes ist noch nicht erkannt. Immerhin zeigen sie die erhebliche Reaktionsfähigkeit ungesättigter Fettsäuren in wässeriger heterogener Phase mit Luftsauerstoff.

k), l), m) Zusammenhänge zwischen den Vitaminen der B-Gruppe und den F-aktiven Fettsäuren wurden von Viollier (1948) ermittelt, wonach je nach der Höhe der Zufuhr des Vitamin-B-Komplexes mehr oder weniger an Linolsäure abgelagert wird. Die Beziehungen der essentiellen Fettsäuren zum E-Vitamin wurden schon vorhin kurz gestreift.

Schlußwort

Und so sind wir am Ende unserer Betrachtung angelangt; wenn auch die aufgezeigten Aufgaben der Vitamine als Cofermente oder Teile von diesen in bestimmten Abschnitten des Stoffwechselablaufes wesentlich eingreifen, andere Vorgänge, wie etwa die Wirkungen von Verdauungsfermenten, unerwähnt bleiben mußten, so zeigten uns die Zusammenhänge zwischen der chemischen Konstitution und der physiologischen Wirkung, ferner die vielfältigen und auf das feinste abgestimmten Aufgaben der Vitamine die Erkenntnis, daß ein tierisches Leben ohne Vitamine nicht ablaufen kann.

Bei einer ursprünglichen Betrachtung der Dinge ergibt sich, daß Mensch und Tier auf die Zufuhr der Vitamine durch die Nahrung sowie durch Darmbakterien synthetisierte Anteile angewiesen sind, um leben zu können. Auch hierin gibt sich die Einheit der Schöpfung zu erkennen. Indes. Bakterien, Pilze, Algen und auch höhere Pflanzen bedürfen der Vitamine, so daß sich die Unentbehrlichkeit der Vitamine für alle lebenden Zellen ergibt (SCHOPFER 1947), wenngleich in den pflanzlichen Bereichen der Bedarf z. T. durch Eigensynthese gedeckt werden kann. Die gewonnenen Einblicke in die Aufgaben der Vitamine, die Möglichkeit ihrer Synthese in beliebigen Mengen, haben dem Arzt eine vielfältige Waffe gegen zahlreiche Krankheiten in die Hand gegeben, die immer erfolgreich geführt werden kann. Es kann kein Zweifel darüber bestehen, daß ein Großteil der Krankheitsgeschehen, die wir unter dem Namen der Stoffwechselkrankheiten zusammenfassen, Vitaminmangelkrankheiten in Wirklichkeit sind. Auf dieses großartige Gedankengut, das durch die Zusammenarbeit vieler Disziplinen erarbeitet wurde, kann die Menschheit wahrhaft stolz sein.

Literatur

Abderhalden, R.: Z. Vitamin-, Hormon- u. Fermentforsch. 1, 186 (1947); Vitamine, Hormone, Fermente, Urban & Schwarzenberg 1944.

Abelin, I.: Biochem. Z. 228, 198 (1930); 242, 385 (1931); Klin. Wschr. 2205 (1931[1]); Hoppe Seylers Z. 217, 109 (1933); Z. Vitaminforsch. 4, 120 (1935); Schweiz. med. Wschr. 46 (1936).

Ahrens, J. F., and D. A. van-Dorp, 1946: Nature 157, 190.

Alesker, 1952: zit. nach Stepp-Kühnau-Schroeder 1, 305; A. P. 2, 518, 922.

Andersag, H., und K. Westphal, 1937: Ber. dtsch. chem. Ges. 70, 2035.

Andresen, J. G., und A. P. Skouby, Aug. 1955: 3rd Intern. Congr. Biochem., Abstr. of Communs, p. 117 (Bruxelles, Belgique).

Angier, R. B.: Science 103, 667 (1946); J. Amer. Chem. Soc. 70, 14, 25 (1948).

Arndt, U. W., 1955: Nature 175, 887.

Aslan, 1957: Therapiewoche VIII, 1, 10.

Axelrod, A. E., De Woody, and K. Hofmann, 1946: J. Biol. Chem. 173, 771.

Baas-Becking, 1935: 6. Intern. Bot. Congr., Amsterdam V, 265.

Bachmann, E. R., and R. R. Williams, 1935: J. Amer. Chem. Soc. 57, 1751.

Badgett, C. O., and C. F. Woodward, 1957: J. Amer. Chem. Soc. 69, 2907.

Baker, B. R., W. L. McEven, and W. N. McKinley, 1947: J. Org. Chem. 12, 322.
— N. V. Query, W. L. McEven, S. Bernstein, S. R. Safir, L. Dorfmann, and Y. Subbarow, 1947: J. Org. Chem. 12, 167.

Balducci, D., 1948: Bull. soc. ital. sperim. 24, 243.

Banerjee, 1947: Science 106, 128.

Barlthrop, J. A., P. M. Hayes, and M. Calvin, 1954: Amer. Chem. Soc. 76, 4348.

Baudart, P., 1946: Peintures Pigment Vernis 22, 375.

Bauer, H., und H. C. Heinach: Vit. B₁₂ und Intrinsic-Factor; 1. Europ. Symposion 1956, Hamburg, S. 499, Verl. Enke.

Baxter, J. G., and C. D. Robeson: J. Amer. Chem. Soc. 64, 2407 (1942); Science 92, 202 (1940).

Beckmann, R., 1956: Ärztl. Wschr. 11, 361.
— und Menne, 1956: Ärztl. Wschr. 11, 4.

Beigelböck, W., und Seemann, 1944: Klin. Wschr. 99.

Beiler, J. M., and C. J. Martin: J. Biol. Chem. 171, 507 (1947); 174, 31 (1948); Arch. Biochem. 26, 72 (1950).

Begemann, H.: Vit. B₁₂ u. Intr. Fact. 1. Europ. Symposion, Hamburg 1956, Verlag Enke.

Bénard, H., A. Gajdos und M. Gajdos-Török: Le Sang 22, 406 (1951): Nature 167, 990 (1951[1]).

Bergel, F., A. M. Copping, A. Jacob, A. R. Todd, and T. S. Work, 1938: J. Chem. Soc. 1382.

Bernhauer, K., K. Blumberger jr. und P. Petrides, 1955: Arzneimittelforsch. 5, 442.

Beves, Bensath, Armentana, Ruszwyak und S. György, 1936: Med. Wschr. 1123.

Biehl, J. R., and R. W. Vilter, 1954: Proc. Soc. Exp. Biol. Med. 85, 389.

Binkley, McCorquodale, Thayer, and E. A. Doisy, 1939: J. Biol. Chem. 130, 220.

Blaizot, J., et Andral, 1956: C. r. sci. Soc. Biol. 1759.

Bird, O. D., Bressler, Brown, Campbell and Emmett, 1955: J. Biol. Chem. 159, 631.
— Robbins, Vandenbelt, and J. J. Pfiffner, 1946: J. Biol. Chem. 163, 649.

Blaxter, K. L., 1957: Ann. Rev. Biochem. 26, 275.

Blyth, A. W., 1879: J. Chem. Soc. 530.

Boas, M. A., 1927: Biochem. J. (brit.), 21, 712.

Boines, 1955: Ann. N. Y. Acad. Sciences 61, 721.

Bonnett, R., J. R. Cannon, A. W. Johnson, I. Southerland, A. R. Todd, and E. L. Smith, 1955: Nature 176, 328.

Böhm, K., 1959: Arzneimittelforsch. 9, 500. Ergänzung 1960.

Boothe, J. H., J. H. Mowat, C. W. Waller, B. B. Angier, J. Semb and A. L. Gazzola, 1952: J. Amer. Chem. Soc. 74, 5407.

Bouman, J., and E. C. Slater, 1956: Nature 177, 1181.

Broquist, H. P., and E. E. Snell: J. Biol. Chem. 173 (1948); 188, 431 (1951).

Brink, C., D. C. Hodgkin, J. Lindsay, J. Pickworth, J. H. Robertson, and J. G. White, 1954: Nature 174, 1170.

BRUEL, L., et R. LECOQ: Intern. Z. Vitaminforsch. **19**, 3 u. 4, 457 (1948); Concours Med. **69**, 546 (1947).
BULLOCK, M. W., J. A. BROCKMANN, E. L. PATTERSON, J. V. PIERCE, and E. L. R. STOCK-STADT, 1952: J. Amer. Chem. Soc. **74**, 3455.
BURCHENAL, J. H., D. A. KARNOFSKY, E. M. KINSLEY-PILLARS, C. N. SOUTHEN, W. P. L. MYERS, G. C. ESCHER, L. F. GRAVER, H. W. DARGEON, and C. P. RHOADS, 1951. Cancer **4**, 549; vgl. J. H. BURCHENAL, G. M. BABCOCK, H. B. BROQUIST, and T. H. JUKES, 1950: Proc. Soc. Exper. Biol. Med. **74**, 735.
BURCKHOLDER, 1957: STEPP-KÜHNAU-SCHROEDER, Bd. **2**, 547.
BURR, G. O., and M. M. BURR, 1929: J. Biol. Chem. **82**, 345.
BUU HOI, PHILIPPOT, DALLEMAGNE, et GEREBETZOFF, 1951: Soc. Biol. **144**, 1568.
CALVIN, M., and J. A. BARLTHROP, 1952: J. Amer. Chem. Soc. **74**, 6153.
— 1954: Federation Proc. **13**, 697.
— and D. E. GREENE, 1956: Currents in Biochem. Res. Interscience, New-York-London, p. 29.
— and P. MASSINI, 1952: Experientia **8**, 445.
CANNON, J. R., A. W. JOHNSON, and A. R. TODD, 1954: Nature **174**, 1169.
CARTWRIGHT: J. Biol. Chem. (Amer.) **153**, 171 (1944); Blood **2**, 111, 256 (1947); **3**, 501 (1948).
CASTLE, W. B., und M. B. STRAUSS, 1957: Stepp-Kühnau-Schroeder, Bd. **2**, 559; Chemie Gruenenthal, Stolberg/Rh., DBP 962, 883 (1954).
CHELDELIN, V. H., and R. J. WILLIAMS, 1942: Univ. Texas Publ. **105**, 4237.
CLOETA, STEPP-KÜHNAU-SCHROEDER, 1957: Bd. **2**, 537.
COHEN-MINZ, 1950: Arch. Sci. Physiol. **4**, 145.
COSULICH, E. P., and J. N. SMITH, 1948: J. Amer. Chem. Soc. **70**, 1922.
— B. ROLL, J. M., SMITH, R. HULTQUIST, and R. PARKER, 1951: J. Amer. Chem. Soc. **73**, 5006.
CUTTING, DREISBACH, and MATSUSHIMA, 1953: Stanford Med. Bull. **11**, 227.
DAM, H., and KELMAN, 1942: Science **96**, 430.
— 1929: Biochem. Z. **215**, 475.
DANGSCHAT, 1942: Nature 1467.
DE CARO, L., G. RINDI, V. PERRI, and G. FERRARI, 1956: Intern. Rev. Vit. Res., Vol. XXVI, 4, 343.
DEWEY, V. C., STEPP-KÜHNAU-SCHROEDER, Bd. **2**, 854 (1957).
DIETRICH, 1936: Münch. med. Wschr. 8.
DITTMER, K., V. DU VIGNEAUD, P. GYÖRGY, and ROSE, 1944: Arch. Biochem. **4**, 229.
DONATELLI, L., P. SPIGLIATI, M. ZABBAN, e R. SELLERI, 1951: Minerva Med. **1**, 1117.
DORNOW, A., und PETSCH, 1955: Arzneimittelforsch. **5**, 536.
DU VIGNEAUD, V., K. DITTMER, K. HOFMANN, and D. B. MELVILLE, 1942: Proc. Soc. Exp. Biol. Med. **50**, 374.
EAKIN, R. E., E. E. SNELL, and R. J. WILLIAMS: J. Biol. Chem. (Amer.) **136**, 801 (1940); **140**, 535 (1941).
EGGIT, P. W. R., and NORRIS, 1955: J. Sci. Food Agr. **6**, 689.
— and L. D. WARD, 1955: J. Sci. Food Agr. **6**, 329.
ELLINGER, P., and M. ABDELKADER, 1947: Biochem. J. **41**, 559; **44**, 77 (1949).
— G. FRAENKEL, and M. ABDELKADER, 1947: Biochem. J. **41**, 559.
— and HARDWICK, 1947: Brit. Med. J. **1**, 672.
EMERSON, G. A., and P. L. SOUTHWICK, 1945: J. Biol. Chem. (Amer.) **160**, 169.
— and M. TICHLER, 1944: Proc. Soc. Exp. Biol. Med. **55**, 184.
— E. WURTZ, and O. H. JOHNSON, 1945: J. Biol. Chem. **160**, 165.
ENGLER, C. 1894: Ber. dtsch. chem. Ges. **27**, 1787.
ELVEHJEM, NADDEN, STRONG, and D. W. WOOLLEY: J. Amer. Chem. Soc. **59**, 1767 (1937); J. Biol. Chem. **123**, 137 (1938); **124**, 715 (1939).
ESH, and SUTTON, 1948: J. Nutrit. **67**, 249.
v. EULER, H., H. ALBERS und F. SCHLENK: Biochem. Z. **286**, 114 (1936); Hoppe-Seyler **237**, 1, 180 (1935); **246**, 113 (1936).
— F. SCHLENK, Hoppe-Seyler **246**, 64 (1937).
— und KLUSSMANN, 1932: Hoppe-Seyler **213**, 21.
— Ergebn. Physiol. **34**, 360 (1933); Arkiv kemi mineral. geol. 1933; Ergebn. Physiol. **34**, 360 (1933[1]).
EVANS, H. M., STEPP-KÜHNAU-SCHROEDER, 1957: Bd. **2**, 708.
— BURR, STEPP-KÜHNAU-SCHROEDER, 1957: Bd. **2**, 709.

Falta, 1936: Dtsch. med. Wschr. **29**; Wien. klin. Wschr. **8**.
Felch, and Dotti, 1949: Proc. Soc. Exper. Biol. Med. **72**, 376.
Fernholz, E., 1938: J. Amer. Chem. Soc. **60**, 700.
Fieldes, P., 1940: Lancet **238**, 955.
Fischer, E. G., und G. Werner, 1958: Hoppe-Seyler **310**, 92.
Flaschenträger, B., und L. Lehnartz: Physiol. Chemie. Hand- und .Lehrbuch, 1951—1959.
Foa-Foa and Field, 1945: Arch. Biochem. **6**, 215.
Folkers, K., F. A. Knehl, and C. H. Shunk, Aug. 1955: 3rd Intern. Congr. Biochem. Abstr. of Communs, p. 5 (Bruxelles, Belgium).
Forrest, H. S., and J. Walker, 1949: J. Chem. Soc. 2002.
Friedrich, W., und K. Bernbauer: Chem. Ber. **90**, 154 (1957); Angew. Chem. **67**, 619 (1955); Chem. Ber. **90**, 1966 (1957); Angew. Chem. **69**, 478 (1957); Chem. Ber. **91**, 2061 (1958).
Frohmann, C. E., and H. G. Day 1949: J. Biol. Chem. **180**, 93.
Frey-Wyssling, A., 1949: Faraday Soc. Discussions **6**, 130.
Funk, C., 1914: Hoppe-Seyler **89**, 378.
Gaebler, O. H., and Mathis, 1946: Endocrinology **39**, 239.
— und W. T. Beher, 1951: J. Biol. Chem. **188**, 343.
Guivard, B. M., E. E. Snell, and R. J. Williams, 1946: Arch. Biochem. **9**, 361, 381.
Galeja: Diss. Hamburg 1949.
Galeone, A., und G. Sanlorenzo, 1948: Intern. Z. Vitaminforsch. **19**, 3—4, 257.
Garbers, C., H. Schmid, und P. Karrer, 1955: Helv. Chim. Acta **38**, 1490.
Gardner, Parsons, und Peterson: Arch. Biochem. **8**, 339 (1945); Amer. J. Med. Sci. **211**, 198 (1946).
Gavard, R., und M. Viscontini, 1949: Helv. Chim. Acta **32**, 2328.
Gavin, Patterson, and McHenry, 1943: J. Biol. Chem. **148**, 275.
Gerö: C. r. Sci. Biol. **140**, 846 (1946); **141**, 566 (1947); Bull. Soc. Chim. Biol. **28**, 86 (1946).
Glanzmann und Meier, 1945: Z. Vitaminforsch. **16**, 322.
Glisson, vgl. Stepp-Kühnau-Schroeder II, 668 (1957).
Glover, J., T. W. Goodwin, and R. A. Morton: Biochem. J. **41**, 94 (1947); **43**, 512 (1949).
Goldberger, J., and W. F. Tanner, 1925: US. Public Health Rept. **40**, 58.
— G. A. Wheeler, and V. P. Sydenstricker, 1954: J. Amer. Chem. Soc. **76**, 2841.
Goldman, D. S., 1954: J. Amer. Soc. **76**, 2841.
Grandel, F.: Dtsch. Ges. Fettforsch. 1948.
Grassner, A., J. P. Bourquin, und O. Schneider, 1945: Helv. Chim. Acta **28**, 517.
Green, J., S. Marcinkiewicz, and P. R. Watt, 1955: J. Sci. Food Agr. **6**, 274.
Green, and S. Marcinkiewicz, 1956: Nature **177**, 86.
Greenberg, L. D., 1957: Amer. Rev. Biochem. **26**, 209.
Greenblatt, 1955: Ann. N. Y. Acad. Sci. **61**, 713.
Greenspan, E. M., A. Goldin, and E. B. Schoenbach, 1951: Cancer **4**, 619.
Gunsalus, L. C., und Belamy: zit. nach Stepp-Kühnau-Schroeder, Bd. **1**, 332 (1952).
György, P., und Mitarb., 1941: Science **93**, 477.
— und C. S. Rose: Proc. Soc. Exp. Biol. Med. (Amer.) **49**, 294 (1942); **53**, 55 (1953); Science **94**, 261 (1941).
— Pfaundler-Schlossmann: Handb. Kinderheilk. Bd. **10**, 464 (1953); Stepp-Kühnau-Schroeder, 2. Bd., 827 (1957); Ann. N. Y. Acad. Sci. **61**, 732 (1955).
Hager, L. P., and I. C. Gunsalus, 1953: J. Amer. Chem. Soc. **75**, 5767.
Halbrook, E. R., F. Cords, A. R. Winter, T. S. Sutton, and Poulfry, 1950: Science **29**, 672, 679.
Halden, W., und E. Schauenstein, 1943: Fette u. Seifen **50**, 48.
Handler, 1944: J. Biol. Chem. **154**, 203.
Harries, D. L., 1952: Federation Proc. **11**, 226.
Harris, S. A., and K. Folkers, 1939: Science **89**, 347.
— D. Heyl, and K. Folkers: Stepp-Kühnau-Schroeder, Bd. **1**, 334, 335 (1952).
— R. Mozinga, D. E. Wolf, A. N. Wilson, G. E. Arth, and K. Folkers, 1944: J. Amer. Chem. Soc. **66**, 1800.
— D. E. Wolf, R. Mozinga, R. C. Aderson, G. E. Arth, N. R. Easton, D. Heyl, A. N. Wilson, and K. Folkers, 1944: J. Amer. Chem. Soc. **66**, 1756.
— N. R. Easten, D. Heyl, A. N. Wilson, and K. Folkers, 1944: J. Amer. Chem Soc. **66**, 1757.

HARRIS, S. A., D. E. WOLF, R. MOZINGA, G. E. ARTH, A. N. WILSON, N. R. EASTON, and K. FOLKERS, 1945: J. Amer. Chem. Soc. 76, 2096.
— 1947: Cancer Res. 7, 178.
HARTMANN, F., und G. SCHULZE, 1952: Angew. Chem. 65, 271.
HAUSCHILD, F., 1955: Münch. med. Wschr. 1101.
HAWKINS, G. F., und A. E. ROE, 1949: Org. Chem. 14, 328.
HAYMANN, S., S. S. SHAHINIAN, J. N. WILLIAMS ckjr., and C. A. ELVEHJEM, 1955: J. Biol. Chem. 217, 225.
HEDBOM, A., 1955: Biochim. Biophys. Acta 17, 447.
HEILBRONN, J. N., 1932: Biochem. J. 26, 1178.
— 1948: J. Amer. Chem. Soc. 70, 386.
HENDLIN, D., und M. L. RÜGER, 1950: Science 111, 541.
HESS, 1933: J. Biol. Chem. 97, 369; 100, 27.
HICKMANN, K., C. D. KALEY, W. MARIAN, and B. L. HARRIS: J. Biol. Chem. 152, 303, 313, 321.
HIGGINS, CH. C., 1936: Therap. Ber. 7/8.
HIGH, E. G., and S. S. WILSON: Abstr. 121th Amer. Chem. Soc. Meeting (1952).
HINTON, H. E., 1956: Science Progr. 174, 292.
HOLDSWORTH, E. S., und M. OTTESEN: 3th Intern. Congr. Biochem. Abstracts of Communs, p. 116 (Bruxelles, Belgium, Aug. 1950).
HOFMANN and WINNICK, 1945: J. Biol. Chem. 160, 449.
HOFMANN, CHEN, BRIDGEWATER, and A. E. AXELROD, 1947: J. Amer. Chem. Soc. 69, 191.
HOGAN, A. G., and E. M. PARROT, 1940: J. Biol. Chem. 132, 507.
HODGKIN, D. C., J. PICKWORTH, J. H. ROBERTSON, K. N. TRUEBLOOD, R. J. PROSEN, and J. G. WHITE, 1955: Nature 176, 325.
HOLMAN, R. T., 1951: Fette u. Seifen 53, 334.
HOLMES, H. N., and R. E. CORBETT, 1937: J. Amer. Chem. Soc. 59, 2042.
HOOGEWERFF, S., et vanDORP, 1882: Receuil I, 121.
HORNBERGER, C. S. jr., R. F. HEITMILLER, I. C. GUNSALUS, G. H. SCHNAKENBERG, and L. J. REED, 1952: J. Amer. Chem. Soc. 74, 2382.
HOPKINS, F. G., und A. NEVILLE, 1912: Biochem. J. 7, 97.
HUBER, C., 1870: Ber. dtsch. chem. Ges. 3, 849.
HUGHES, D. E., 1954: Biochem. J. 57, 485.
HULDSCHINSKY, 1934: Dtsch. med. Wschr. 712.
HUTCHINGS, B. L., S. H. MOWAB, J. J. OLSEN, E. L. R. STOCKSTADT, J. H. BOOTH, C. W. WALTER, B. B. ANGIER, J. SEMB, and Y. SUBBAROW, 1947: J. Biol. Chem. 170, 323.
HULTQUIST, M. E., J. M. SMITH, D. R. SEEGER, D. B. COSULICH und E. KUH, 1949: J. Amer. Chem. Soc. 71, 619.
INOUYE siehe STEPP-KÜHNAU-SCHROEDER, 1. Bd., 11 (1952). *
ISLER, O., W. HUBER, A. RONCO und N. KOFLER, 1947: Helv. Chim. Acta 30, 1911.
JANSEN, B. C. P., und W. F. DONATH, 1926: Proc. Kon. Ned. Akad. Wet., Amsterdam 29, 1390.
JOHN, W., 1942: Die Chemie 55, 98, 110.
— E. DIETZEL und P. GÜNTHER, 1938: Z. physiol. Chem. 252, 208.
— E. DIETZEL, P. GÜNTHER und W. EMTE, 1938[1]: Naturw. 26, 366.
KAMPES, M. J., and D. C. HODGKIN, 1955: Nature 176, 551.
KAPLAN, N. O., 1944: Amer. Med. Sci. 207, 733.
KARRER, P., und H. KRISHNA, 1950: Helv. Chim. Acta 33, 555.
— 1935: Helv. Chim. Acta 18, 522.
— und T. H. QUIBELL, 1936: Helv. Chim. Acta 19, 1034.
— und STRONG, 1936: Helv. Chim. Acta 18, 1143.
— und SCHWYTZER, 1948: Helv. Chim. Acta 31, 777.
— R. MORF, und K. SCHÖPP, 1931: Helv. Chim. Acta 14, 1036, 1431.
— E. JUCKER, und R. SCHICK, 1946: Helv. Chim. Acta 29, 704.
— und J. BENZ, 1948: Helv. Chim. Acta 31, 1048.
— H. FRITZSCHE, P. H. RINGIER, und H. SALOMON, 1938: Helv. Chim. Acta 21, 520, 820.
— A. EPPRECHT und H. KOENIG, 1940: Helv. Chim. Acta 23, 272.
— und H. KOENIG, 1943: Helv. Chim. Acta 26, 619.
— 1938: Helv. Chim. Acta 21, 520.
KAUFMANN, H. P., 1953: Arzneimittelsynthese 330.
KAZENKO und LASKOWSKY, 1948: J. Biol. Chem. 173, 217.
KENT, JONES and BACHARACH, 1941: Chem. and Ing. 60, 823.
KERESZTY und STEVENS, 1952: STEPP-KÜHNAU-SCHROEDER, 1. Bd., 33.

Knobloch, H.: Antivitamine. Ergeb. Enzymforsch. **11**, 67—150 (1950), Paris.
Kocha, C. J., 1948: Arch. Biochem. **17**, 337.
Kögl, F., 1937: Naturw. **25**, 465.
Köhler, U.: Ärztl. Praxis X, 1262. (1958); Neue Z. ärztl. Fortbild., N. F. I, Mai 1958.
König und Lebesta, 1935: Arch. Kinderheilk. **3**, 106.
Kokil: Amer. Pediatr. **183**, 28 (1954); **186**, 79 (1956).
Krehl, W. A., D. Bonner, and C. Janofsky, 1950: J. Nutrit. **41**, 159.
Krueger and Petterson, 1948: J. Biol. Chem. **173**, 497.
Krüger, 1955: Ther. Ber. **9**.
Kubowitz, F., und W. Lüttgens, 1937: Biochem. Z. **294**, 188.
Kuehl, F. A., C. H. Shunk, and K. Folkers, 1955: J. Amer. Chem. Soc. **77**, 251.
— Tepply, Sarma and Elvehjem, 1946: J. Nutrit. **31**, 85.
Kuhn, R., P. György, und T. Wagner-Jauregg, 1933: Ber. dtsch. chem. Ges. **66**, 317, 576, 1034.
— und Rudy, 1933: Ber. dtsch. chem. Ges. **66**, 1950.
— und Ströbele, 1937: Ber. dtsch. chem. Ges. **70**, 747.
— 1936: Angew. Chem. **49**, 6.
— Vetter und Rzeppa, 1937: Ber. dtsch. chem. Ges. **70**, 753.
— 1943: Ber. dtsch. Chem. Ges. **76**, 1044.
— Th. Wieland, und E. Möller, 1941: Ber. dtsch. chem. Ges. **74**, 1605.
— vgl. Stepp-Kühnau-Schroeder, Bd. 1, 440 (1952).
— 1959: Naturw. **46**, 43.
— Wendt und Westphal, 1939: Naturw. **27**, 469.
— Quadbeck und Röhm, 1949: Ann. Chem. **565**, 1.
— 1949: Angew. Chem. **61**, 1.
— Brockmann vgl. Stepp-Kühnau-Schroeder, Bd. 1, 13 (1952).
Latner, A. L., R. J. Merrills, and L. C. D. P. Raine, 1954: Lancet I, 497.
— 1955: Biochem. J. (London) **59**, XXVIII; 3rd Intern. Congr. Biochem., Abstr. of Communs, p. 114 (Bruxelles, Belgium, 1955).
— und L. C. D. P. Raine, 1957: Nature **180**, 1197.
Lavollay et al.: C. r. acad. sci. **217**, 510 (1943); C. r. Soc. Biol. **138**, 179 (1944;) C. r. acad. agric. **30**, 259 (1944).
Lazarow and Mit., 1950: J. Lab. Clin. Med. **36**, 249.
Lee and Underwood, 1949: Austral. J. Exp. Bull. Med. **27**, 99.
Lecoq, R., P. Chauchard, et H. Mazone, 1947: C. r. soc. Biol. **141**, 449, 1169.
Leiblin, R.: Ber. dtsch. chem. Ges. **10**, 2136 (1877); Lieb. Ann. **196**, 135 (1879).
Lettré, H., 1940: Angew. Chem. **53**, 363.
— und M. E. Fernholz, 1940: Ber. dtsch. chem. Ges. **73**, 436.
Lester-Smith, E., 1948: Nature **161**, 638.
— 1956: Brit. Med. Bull. **12**, 52.
Lichstein and Christman, 1948: J. Biol. Chem. **145**, 649.
— 1949: J. Biol. Chem. **177**, 125.
Lindahl and Kihlström, 1954: Nature **174**, 600.
Lineweh, 1936: Med. Klinik **14**.
Lohmann, K., und P. Schuster, 1937: Biochem. Z. **294**, 188.
— 1940: Dtsch. med. Wschr. 21.
Loo, Carter, Kehm and Anderlik, 1950: Arch. Biochem. **26**, 144.
Lubimenko, W. N., 1921: C. r. acad. sci. (Paris) **173**, 356.
Luzatti, L., and A. E. Hansen, 1944: J. Pediatr. **24**, 417.
Lyman, Moseley, Wood, Butler and Hale, 1947: J. Biol. Chem. (Amer.) **162**, 173; **167**, 177.
Madinaveitia, J., A. R. Martin, F. L. Rose, and G. Swain, 1945: Biochem. J. (Brit.). **39**, 85.
Mann, 1951: Nature **168**, 1043.
Maquenne: zit. nach Stepp-Kühnau-Schroeder, Bd. 2., 538 (1957).
Martin, G. J., and V. Swayne, 1949: Science **109**, 201.
Martius und Nitz-Litzow: Biochim. Biophys. Acta **12** 134 (1953); **13**, 152, 289 (1954).
Matsukawa, T., and S. Yurugi, 1951: J. Pharm. Soc. Japan **71**, 69.
May, Ravel, Bardos and Southerland: J. Amer. Chem. Soc. **119**, Meeting 1951, Abstr. 5, C, 18-M.
Mayer, J., and A. P. Truant, 1949: Proc. Soc. Exp. Biol. **42**, 436.
McCoy, Kibben, Axelrod and Hofmann, 1948: J. Biol. Chem. **176**, 1319, 1327.
McCollums und McLanbys: zit. nach Stepp-Kühnau-Schroeder, Bd. 2, 669 (1957).

McCorquodale, J. W., C. B. Binkley, L. C. Cheney, W. F. Halcomb, R. W. McKee, S. A. Thayer, and E. A. Doisy, 1939: J. Biol. Chem. **131**, 357.

McIllwain, 1942: Biochem. J. (Brit.) **36**, 417.

McKee, R. W., C. B. Binkley, J. W. McCorquodale, S. A. Thayer, and E. A. Doisy, 1939: J. Amer. Chem. Soc. **61**, 1295.

Mehler, A. H., A. Kornberg, S. Grisolia, and S. Dehoe, 1948: J. Biol. Chem. **174**, 961.

Mellanby, E., 1926: Brit. Med. J. **1**, 515.

Milka, J., 1947: Extrait c. r. Sci. Soc. Biol. **CXLI**, 521.

Meyer: Europ. Symposion über B_{12}-Vit. 1956.

Minot and Murphy: zit. nach Stepp-Kühnau-Schroeder, Bd. 2, 557 (1957).

Michell, H. K., E. E. Snell, and R. J. Williams: J. Amer. Chem. Soc. **62**, 1791 (1940); **63**, 2284 (1942).

Moat, Wilkins and Friedmann, 1956: Federation Proc. **15**, 606.

Monto, R. W., J. W. Rebuck, and J. T. Howell, 1954: J. Labor. Clin. Med. **44**, 900.

— and J. T. Howell, 1955: J. Labor. Clin. Med. **45**, 474.

— and J. W. Rebuck, 1955: Blood **10**, 1151.

Moore, T., 1956: Brit. Med. Bull. **12**, 44.

Morgan, Simms and Glanzmann, 1939: J. Nutrit. **19**, 233.

Muntz, 1950: J. Biol. Chem. **182**, 489.

Nachmannsohn und John: zit. nach Stepp-Kühnau-Schroeder, Bd. 1, 390 (1952).

— und Machado: zit. nach Stepp-Kühnau-Schroeder, Bd. 1, 390 (1952).

Neuwahl, 1947: Lanc. franc. **8**, 142.

Nieweg, H. O., F. S. P. van Bucham, und W. F. S. Pralse, 1952: Acta Med. Scand. **142**, 45.

Nichol, C. A., and A. D. Welch, 1950: Proc. Soc. Exp. Biol. Med. **74**, 403.

Ochiai, E., and H. Endo, 1953: J. Pharm. Soc. Japan **73**, 763.

Ochoa, S., 1939: Biochem. J. **33**, 1262.

Ockrent, C., 1950: Nature **165**, 280.

O'Dell, B. L., J. N. Vandelbelt, and J. J. Pfiffner, 1947: J. Amer. Chem. Soc. **69**, 1786.

O'Kane, D. J., and P. C. Gunsalus, 1947: J. Bacter. **54**, 20.

Oleson, J. J., B. L. Hutchings, and Y. Subaroff, 1948: J. Biol. Chem. **175**, 359.

Olson, F. J., and R. E. Stare, 1951: J. Biol. Chem. **190**, 149.

Owen, P. S., and J. W. Ferrebec, 1943: New Engl. J. Med. **229**, 345; zit. nach Vogel, Antivitamine.

Parnas, J. K., 1943: Nature **151**, 577.

Parrot, J. L., and H. Cotereau, 1948: J. Physiol. **40**, 278.

Patterson, E. L., J. V. Pierce, E. L. R. Stockstadt, C. E. Hoffman, J. A. Brockman jr., F. P. Day, M. E. Maschi, and T. H. Jukes, 1954: J. Amer. Chem. Soc. **76**, 1823.

— J. A. Brockman, jr., E. P. Day, J. V. Pierce, M. E. Maschi, C. R. Hoffman, S. T. O. Fang, E. L. R. Stockstadt, and T. H. Jukes, 1951: J. Amer. Chem. Soc. **73**, 5919.

Pavcek, P. L., and E. E. Snell, 1942: J. Biol. Chem. **146**, 351.

Peck, Wolf and Folkers, 1952: J. Amer. Chem. Soc. **74**, 1999.

Pennington, D., E. E. Snell, and R. F. Eakin, 1942: J. Amer. Chem. Soc. **64**, 469.

Pfeffer: zit. nach Stepp-Kühnau-Schroeder, Bd. 2, 537 (1957).

Pfiffner, J. J., S. B. Pinkley, S. E. Bloom, and B. L. O'Dell, 1947: J. Amer. Chem. Soc. **69**, 1476.

Pfiffner, J. J., and O. D. Bird, 1956: Ann. Rev. Biochem. **52**, 397.

Pillat, Mercks Jahresberichte 1936; Wien. Klin. Wschr. **39** (1940); Münch. med. Wschr. **9** (1940).

Pongratz, A., und W. Polesofsky, 1955: Monatsh. Chem. **86**, 312.

— und K. L. Zirm: Ö. P. Nr. 205.500.

— 1957: Scientia Pharmaceutica **25**, 115.

— und K. L. Zirm, 1957: Mh. Chem. **88**, 330.

Posternak, 1942: Helv. Chim. Acta **25**, 746.

Prinzipo, P. A., und H. H. Thornberg, 1952: Phytopathol. **42**, 123.

Quick and Collentine: J. Labor. Clin. Med. **36**, 976 (1950); Amer. J. Physiol. **164**, 716 (1951); Amer. Med. Sci. **222**, 7 (1951).

Rabinowitsch, E. J., 1945: Photosynthesis N. Y. Interscience Publ. Inc.

Rabinowitz, J. C., E. E. Snell: Federation Proc. **8**, 240 (1949); J. Biol. Chem. (Amer.) **169**, 631, 643 (1947); **176**, 1157 (1948); Proc. Soc. Exp. Biol. Med. **70**, 235 (1949).

Räihä, C. E., and O. Forsander, 1952: Science 115, 242.
Raunert, 1938: Z. Urol. 32, 630.
Rausch, Therapiewoche 8, 63 (1957—1958).
Reed, L. J., B. G. DeBusc, I. C. Gunsalus, and C. S. Hornberger, 1951: Science 114, 93.
— und C. I. Niu, 1955: J. Amer. Chem. Soc. 77, 416.
Rhoads and Abels, 1943: J. Amer. Med. Assoc. 121, 1261.
Rickes, E. L., N. G. Brink, F. R. Koniuszy, T. R. Wood, and K. Folkers, 1948: Science 107, 396.
Ritchey, Wicks and Tatam, 1947: J. Biol. Chem. (Amer.) 171, 51.
Roulett and W. H. Schopfer: Trans. Intern. Congr. Soil Science, Amsterdam 1950, I, 202.
Sakami and Welch, 1950: J. Biol. Chem. 187, 379.
Salgade and Green, 1956: Federation Proc. 15, 479.
Sauberlich, 1949: J. Biol. Chem. 181, 467.
Schauenstein, E., und G. Schatz: Mh. Chem. 90, 118 (1959); Fette, Seifen u. Anstrichmittel 61 1068 (1959).
Scherer, Stepp-Kühnau-Schroeder, Bd. 2, 537 (1957).
Schlenk, F., und H. v. Euler, 1936: Naturw. 24, 794.
Schmid, H., A. Ebenöther, und P. Karrer, 1953: Helv. Chim. Acta 36, 65.
Schneider, E., 1941: Klin. Wschr. 20, 437.
Schneider, O., J. P. Bourquin, und A. Grassner, 1945: Helv. Chim. Acta 28, 510.
Schopfer, W. H.: Bull. Soc. sciens. d'Hygiene Alimentaire 7—9, 167 (1947); Archiv. Sciences Genève 10, 614 (1957).
Schulmann, A. S., M. I. B. Dick, and K. T. H. Farrer, 1957: Angew. Chem. 69, 764.
Schultz, F., 1940: Hoppe-Seyler 264, 211.
Schweizer Patent Nr. 215.779.
Scott and Coll., 1949: Nature 163, 530.
Sealock, R., A. H. Livermoore, and C. A. Evans, 1943: J. Amer. Chem. Soc. 65, 935.
Sebrell and Butler: Public Health Rep. 53, 2282 (1938); 54, 2121 (1939).
Seeger, D. R., D. P. Cosulich, D. M. J. Smith, and M. E. Hultquist, 1949: J. Amer. Chem. Soc. 71, 1753.
Segre, A., 1959: Arzneimittelforsch. 9, 102.
Shive, W., Bardos, Bond and Rogers, 1950: J. Amer. Chem. Soc. 72, 2817.
— J. M. Ravel, and R. E. Eakin, 1948: J. Amer. Chem. Soc. 70, 2614.
Shorb: Stepp-Kühnau-Schroeder, Bd. 2, 558 (1957).
Siliprandi, M., und F. Navazio, 1952: Acad. Med. Scand. 142, 147.
Skraup, Zd., 1880: Mh. Chem. 1, 800.
Skraup, Zd., und A. Cobenzl, 1883: Mh. Chem. 4, 436.
Slanetz und Scharf: Stepp-Kühnau-Schroeder, Bd. 2, 554 (1957).
Snell, E. E., 1941: J. Biol. Chem. 134, 175.
— and W. H. Peterson: J. Biol. Chem. 128, XCIV.
— Guivard and R. J. Williams: J. Biol. Chem. 154, 313 (1944); 157, 491 (1945).
Sounders, A. P., R. H. Otto, and J. Sylvester, 1952: Bact. 64, 725.
Srere, Chaikoff und Dauben: Stepp-Kühnau-Schroeder, Bd. 1, 394 (1952).
Steenbock, v. Euler, Karrer, R. Kuhn und Winterstein: Stepp-Kühnau-Schroeder, Bd. 1, 12 (1952).
Stepp, W., J. Kühnau und H. Schroeder: Die Vitamine und ihre klinische Anwendung. 2 Bde. Verlag Enke, Stuttgart 1952/1957.
Stepantschitz und Schreiner, 1953: Wien. Z. Innere Med. 34, 1051.
Stern, K. G., und J. W. Hofer, 1937: Science 85, 483.
Stepp, W.: Stepp-Kühnau-Schroeder, 1. Bd., 10 (1952); Biochem. Z. 22, 452 (1909); Z. Biol. 57, 135 (1911); Stepp-Kühnau-Schroeder, Bd. 1, 51 (1952).
Stepp-Kühnau-Schroeder: Bd. 1: 164, 221[3], 224[1], 244[2], 277[15], 277[14], 347[13], 305[17], 506[12], 377[7], 393[4], 409[10], 422[20], 425[18], 426[21], 427[21], 432[5], 432[22], 437[6], 444[23], 487[8], 506[11], 509[10]. Bd. 2: 538[1], 555[2], 669[10], 693[9], 715[12], 799[13], 800[14], 834[4], 835[5], 840[6], 844[7], 847[8], 875, 881[3], 922[11].
Stock, C. C., J. J. Bisele, J. H. Burchenal, T. A. Karnoofsky, A. E. Moore, and K. Sugiura, 1950: Ann. N. Y. Acad. Sci. 52, 1360.
Stockstadt, E. L. R., 1954: Federation Proc. 13, 712.
Stöger, 1939: Wien. Klin. Wschr. 52, 1031.
Stoerk, H. C., John Eisen, 1947: J. Exp. Med. 85, 365.
Stockes, Grumess, Dwyer, and Caswell, 1945: J. Biol. Chem. 160, 35.

STUTINSKY, F., 1951: C. r. soc. Biol. 145, 1014.
SURE, B., 1923: J. Biol. Chem. 58, 681, 693.
SYDENSTRICKER S. A., C. SINGAL, A. P. BRICKS, N. M. DEVAUGHN, and H. ISBELL, 1942:
   Science 95, 176; J. Amer. Med. Assoc. 118, 1199.
TAKAHASHI and MURAHANI, 1938: Japan. J. Gastroenterology 10, 89.
TAKERMORE, N., and M. KITAOKA, 1952: Science 116, 710.
THIERSCH, J. B., 1956: Acta Endocrin. (Copenhagen), Suppl., 37—45.
THOMPSON, R. Q., and N. B. GUERANT, 1953: J. Nutrit. 50, 161.
TODD, A. R., F. BERGEL, and T. S. WORK, 1937: Biochem. J. 13, 2257.
TRACY, A. H., and C. R. ELDERFIELD, 1941: J. Org. Chem. 6, 54.
TULPULE, 1954: Biochem. J. (London) 58, 61.
UMBREIT, W. W., O'KANE and GUNSALUS: J. Bact. 51, 576 (1946); J. Biol. Chem. (Amer.)
   176, 629 (1948).
— Amer. J. of Clin. Nutrit. 3, 291 (1955); 294 (1955[1]); 293 (1955[2]).
— SMITH and ORGINSKY, 1941: J. Bact. 61, 595 (1941).
US. P. Nr. 2, 472.462.
UEYO, S., and S. MATSUKAMI, 1956: J. Pharmacol. Soc. Japan 72, 843 (1952); Chem.
   Abstr. 48, 2718.
VALERI and CONESE, 1945: Bull. soc. ital. biol. sperim. 20, 613.
VANOTTI, A, 1956: 1. Europ. Symposion B_{12}-Vit., Hamburg, S. 115. Enke, Stuttg.
VILBER, 1953: J. Labor. Clin. Med. 42, 335.
VINET, 1955: C. r. soc. Biol. Paris 139, 155.
VIOLLIER, G., 1948: Intern. Z. Vitaminforsch. 20, 31.
VOGEL, H., und H. KNOBLOCH: Chemie und Technik der Vitamine. 2 Bde. Verlag
   Enke, Stuttgart, 1950, 1955, 1957.
VOGEL-KNOBLOCH: 1950, 1. Bd., 343; 1955, 2. Bd., 1. Teil, 68; 1955[1], 2. Bd., 1. Teil, 420;
   1955[2], 2. Bd., Seeger, D. R., l. c.; 1955[3], 2. Bd., 1. Teil, 172; 1955[4], 2. Bd.,
   1. Teil, 350 ff.; 1957, 2. Bd., 2. Teil, 2. Lieferung, 184; 1954, 2. Bd., 1. Teil, 292.
VISCONTINI, M., C. EBENÖTHER, und P. KARRER, 1951: Helv. Chim. Acta 34, 1834.
VOHL: vgl. STEPP-KÜHNAU-SCHROEDER, Bd. 2, 537 (1957).
VOLLMAR, G., 1939: Archiv exper. Zellforsch. 23, 42.
WAERA und WELB, 1942: Science 96, 302.
WALB, 1936: Therapeut. Ber. 6.
WALD und HUBBARD: J. Gen. Physiol. 32, 367.
— 1949: Science 109, 482.
WALLER, C. W., und Mitarb., 1948: J. Amer. Chem. Soc. 70, 19.
WARBURG, O., und W. CHRISTIAN: Biochem. Z. 254, 438 (1932); 266, 377 (1933); 274,
   112 (1934); 275, 464 (1935); 295, 261 (1938); 296, 294 (1938[1]); 297, 417 (1938[2]).
WEIDEL, H., 1873: Lieb. Ann. 165, 346.
WEIL H., and MALHERBE, 1940: Biochem. J. 34, 980.
WEITZEL: Tagung Ges. Physiol. Chem., Hamburg 26. 9. 1956.
WEISSBACH, H., D. F. BOGDANSKY, B. G. REDLIELDA und S. UDENFRIEND, 1957: J. Biol.
   Chem. 227, 617.
WENDT-SCHROEDER, 1935: Z. Vitaminforsch. 4, 206.
WEST, BAUT, RIVERA, TISDALE, ROBINSON and SIEGEL, 1943: Arch. Biochem. 3, 321.
WEYGAND, WACKER, MANN, REWOLT und LETTRÉ, 1950: Z. Naturforsch. 5, B. 413.
WHEELER, G. P., M. A. NEWTON, J. S. MORROW, and J. E. HILL, 1952: J. Amer. Chem.
   Soc. 74, 4725.
WINDAUS, A., R. TSCHESCHE, H. RUHKOPF, E. LAQUERR, und F. SCHULTZ, 1932: Z. Physiol.
   Chem. 204, 123.
WINDAUS, A.: Nachr. Ges. Wiss. Göttingen, Math.-physik. Kl. 1932; Lieb. Ann. 481,
   120 (1930); 483, 25 (1930[1]); 489, 266 (1931); Klin. Wschr. 1933, 753.
WIJMENGA, H. G., J. LENS, und S. J. GEERTS, 1954: Acta Haematol. 11, 372.
WILLIAMS, R. J., and J. K. CLINE, 1936: J. Amer. Chem. Soc. 58, 1504.
— J. Amer. Chem. Soc. 59, 288 (1937); 61, 454 (1939); STEPP-KÜHNAU-SCHROEDER,
   Bd. 2, 548 (1957).
— SCHLENK und EPPREIGHT, 1944: J. Amer. Chem. Soc. 66, 890.
— 1942: J. Amer. Med. Assoc. 119, 1.
WINNICK, Z., K. HOFMANN, F. J. PILGRIM, and A. E. AXELROD, 1947: J. Amer. Chem.
   Soc. 61, 491.
WINTERSTEIN, 1957: STEPP-KÜHNAU-SCHROEDER, Bd. 2, 537.
WINZLER, BARK und DEVIGNEAUD, 1945: Arch. Biochem. 5, 25.
WOOD-WERKMANN: SEPP-KÜHNAU-SCHROEDER, Bd. 1, 423 (1952).

Woods, D. D., 1940: Brit. J. Exper. Pathol. **21**, 14.
Woodward, C. F., C. O. Badgett, and J. G. Kaufmann, 1944: Ind. Eng. Chem. **36**, 5.
Wolken, J. J., und E. A. Schwertz, 1953: Gen. Physiol. **37**, 11.
Woolley, D. W., and L. G. Longsworth: J. Biol. Chem. (Amer.) **142**, 285 (1942).
— and R. B. Merriefield: Fed. Proc. **11**, 458 (1952); Physiol. Rev. (Amer.) **27**, 308 (1947).
— und A. G. C. Waide, 1943: J. Biol. Chem. (Amer.) **149**, 285.
— F. M. Strong, R. J. Madden, und C. A. Elvehjem: J. Biol. Chem. **124**, 715 (1938).
— J. Biol. Chem. **136**, 136 (1940); **140**, 453 (1941); **139**, 29 (1941[1]); **147**, 581 (1943);
    Proc. Soc. Exper. Biol. Med. **46**, 565 (1941[2]); J. Exper. Med. **75**, 277 (1942); J.
    Bact. **43**, 5 (1942[1]); Proc. Soc. Exper. Biol. Med. **60**, 225 (1945).
— and McCarter, 1940: Proc. Soc. Exper. Biol. Med. **45**, 357.
Wright, 1951: Science **114**, 635.
Zatman, L. J., N. O. Kaplan, S. P. Colowick, and M. M. Ciotti: J. Biol. Chem.
    269, 467 (1954); J. Amer. Chem. Soc. **75**, 3293 (1953).
Zbinden und Studer, 1955: Intern. Z. Vitaminforsch. **26**, 130.
Zinner, H. und H. Fiedler, 1958: Arch. Pharm. **330**, 291.
Zirm, K. L., 1956: Europ. Sympos. f. B$_{12}$-Vitamin 383.
— A. Pongratz, und W. Polesofsky, 1955: Biochem. Z. **326**, 405.
— H. Axenfeldt und E. Schauenstein, 1952: Klin. Wschr. **30**, 788.
— A. Pongratz: Arzneimittelforsch. **9**, 511 (1959); **10**, 137 (1960).
Zymalkowski, F., 1957: Dtsch. Apothekerztg. **97**, 17, 375.

Gliederung der einzelnen Kapitel

Der Inhalt der unter den Buchstaben a—m abgehandelten Abschnitte der einzelnen Kapitel betrifft folgende Sachgebiete:

a) Vorkommen, erste Entdeckung des Vitamins;

b) Chemische Konstitution und Aufklärung derselben;

c) Synthese, chemische und physikalische Eigenschaften des Vitaminmoleküls;

d) Die biologisch wirksame Form des Vitaminmoleküls;

e) Seine Stoffwechselaufgaben;

f) Der Tagesbedarf;

g) Die Konstitutionsspezifität;

h) Vitaminantagonisten;

i) Synthesen von Vitaminderivaten;

j) Therapie mit Vitaminen;

k, l, m) Beziehung der Vitamine untereinander, zu Hormonen und zu anderen Wirkstoffen.

Berichtigungen

S. 5, Zeile 19 von unten lies: Apoferment statt: Biotin.
S. 10, Zeile 23 von oben lies: k), l), m) Da Zusammenhänge statt: Da Zusammenhänge.
S. 23, Zeile 10 von unten: (Harries, Kon 1941) streichen.
S. 36, Zeile 1 von oben lies: i) Wenn man statt: Wenn man.
S. 36, Zeile 8 von unten lies: wie es das statt: wie das.
S. 37, Zeile 13 von unten lies: kommt in den statt: kommt den.
S. 42, Zeile 9 von unten lies: j) Die Therapie statt: Die Therapie.
S. 49, Zeile 9 von oben: Bonner, Janofsky Nutrin 1950; streichen.
S. 50, Zeile 3 von oben lies: hat (Trommsdorff). statt: hat.
S. 50, Zeile 8 von unten lies: Chlorphenolen statt: Chlorophenolen.
S. 55, Tabelle 13 lies: γ-Biotin statt: Biotin.
S. 58, Zeile 4 von oben lies: h) De Woody statt: De Woody.
S. 60, Zeile 15 von unten lies: b), c) statt: b).
S. 65, Formelbild LXXXIII rechts unten: Pfeile vertauschen.
S. 73, Zeile 4 von unten lies: Vitamin A ist zweckmäßig statt: Vitamin A wird.